穿运动鞋的苏格拉底

Socrates op sneakers
Elke Wiss

[荷] 埃尔克·维斯 著

刘维航 译

贵州出版集团
贵州人民出版社

版权贸易合同审核登记图字：22-2024-113

图书在版编目（CIP）数据

穿运动鞋的苏格拉底 /（荷）埃尔克·维斯著 ; 刘维航译 . -- 贵阳 : 贵州人民出版社, 2025. 3. -- ISBN 978-7-221-18565-5

Ⅰ . B842.5-49

中国国家版本馆CIP数据核字第2024PQ4958号

Socrates op sneakers © 2020 by Elke Wiss
Originally published by Ambo | Anthos Uitgevers, Amsterdam
Simplified Chinese edition arranged through S.A.S BiMot Culture, France

CHUAN YUNDONGXIE DE SUGELADI
穿运动鞋的苏格拉底
[荷]埃尔克·维斯　著　刘维航　译

出 版 人　朱文迅
策划编辑　陈继光
责任编辑　潘　媛
装帧设计　Yuutarou
责任印制　赵　聪

出版发行　贵州出版集团　贵州人民出版社
地　　址　贵阳市观山湖区会展东路SOHO办公区A座
印　　刷　天津中印联印务有限公司
版　　次　2025年3月第1版
印　　次　2025年3月第1次印刷
开　　本　889毫米×1194毫米　1/32
印　　张　6.5
字　　数　119千字
书　　号　ISBN 978-7-221-18565-5
定　　价　52.00元

如发现图书印装质量问题，请与印刷厂联系调换；版权所有，翻版必究；未经许可，不得转载。

这是一本关于提问的书。它一改传统意义上哲学书籍严肃、深奥的特点，转而以一种轻松、欢快的方式教我们用哲学的方式思考人生中重要的问题。作者精妙的语言让每个人都能把理论、实践和生活中缺失的安全感联系起来，也让你在读这本书时，仿佛是在与一个知心好友对谈。

——阿丽亚娜·范·海宁恩　实践哲学家

这是一本为勇于思考的人准备的实用书籍，如果你想知道怎样与别人进行深度交流，那么你一定不能错过它。

——西瑞德·凡·伊瑟　作家和记者

这本书就像一张私人沙发，你可以在书中见到很多生活化的例子。它们会让你觉得，你的不安是可以被理解的。通过作者单刀直入的写作风格，读者可以相当直观地感受到苏格拉底式态度给生活带来的影响，从而学会通过倾听提出正确的问题。

——安妮米克·拉沃凡　声乐演员、合唱指挥和音乐教师埃尔克为建立深度谈话提供了深刻的见解和充满智慧的方法论。在写作的过程中，她摒弃了陈词滥调，转而以一种松弛的方式，生动而不失风度地将故事娓娓道来。

——依瑞斯·波斯达沃　培训师、教练以及《闲聊之道》的作者

人们总是希望能进行一场有深度的良性对话，然而这个愿望并非总能实现。如果你对自己的交流能力没有信心，那么不妨看看这本书。在这里，你可以找到所有进行良性对话的方法。

——耐克·布鲁曼　护理工作者

我几乎是一口气读完了这本书。它不仅能引导人进行自我反思，还为我们提供了实践的具体工具。

——斯黛拉·阿梅茨　护理专家

"顺其自然"

……

一个人应该

对心中悬而未决的问题保持耐心

并试着去爱问题本身

这就像置身于一个封闭的房间

又如打开一本用绝对陌生的语言写就的书

这就是人生

你怀揣的重重疑惑

会缓慢却坚定地

潜移默化

在一个美好的日子里

给你答案

——作者不详

资料来自莱纳·玛丽亚·里尔克

目录

导语 ...1

实践哲学能吃吗？ ...8
为什么是苏格拉底？ ...10
为什么要进行自我锻炼？ ...12

第 1 章
为什么我们不善于提出好问题？ ...15

原因 1　生物学角度：谈论自己比提问更有趣 ...22
原因 2　对提问的恐惧：张开嘴提问是一件非常需要勇气的事 ...29
原因 3　缺少成就感：提出观点比咨询他人的意见更有成就感 ...34
原因 4　缺乏客观性：我们正逐渐失去客观推理的能力 ...38
原因 5　时间不足：提出问题需要花时间准备 ...42
原因 6　缺少能力：没有人教过我们怎样提出好问题 ...46

I

第 2 章

提问的核心：苏格拉底式态度 …51

苏格拉底式态度 1　质疑 …59
苏格拉底式态度 2　保持好奇心和求知欲 …62
苏格拉底式态度 3　培养提问的勇气 …67
苏格拉底式态度 4　做出判断，但不把判断当回事 …69
苏格拉底式态度 5　容忍（甚至拥抱）未知 …80
苏格拉底式态度 6　暂时放下共情 …85
苏格拉底式态度 7　容忍对话者的愤怒 …94
苏格拉底式对话的结构 …96

第 3 章

提问的条件 …111

提问的条件 1　一切始于良好的倾听 …111
提问的条件 2　认真对待语言 …117
提问的条件 3　请求许可 …123
提问的条件 4　慢下来 …128
提问的条件 5　忍受挫败感 …130

第 4 章
提问技巧…133

向上提问和向下提问…134
抓住重要的时刻…142
提出好问题的秘诀…148
问题陷阱…154

第 5 章
从提问到对话…162

多米诺骨牌…162
追问…168
正视你的问题…177
用假设问题促进对方思考…182
允许他人质疑自己…185

致谢…193

导语

远在是非对错之外，还有一片所在，
我将在那里与你相遇。

——鲁米　波斯伊斯兰教苏菲派诗人、神秘主义者

"去吧，去问问看。"苏格拉底斜坐在我身后，身披斗篷，脚上穿着颜色鲜艳的运动鞋。

"然后尽管放手去做，你找到了充分的理由，不是吗？"

我第一次认真思考苏格拉底这句话，是在多年前的实践哲学课上。

上课第一天的午休时间，我和另外五个同学坐在桌前，围绕"孩子"这个话题展开了讨论。每个人被问到的问题都差不多："他们多大啦？""上学了吗？""你家孩子也有自己的平板电脑吗？"

我对这样的对话再熟悉不过。我清楚地知道，一旦周围有人回答："不，我还没有孩子。"对话就会陷入一阵令人

痛苦的沉默，或者为了缓解尴尬，会有人马上提出下一个问题。我惊讶地发现，有小孩的人，只要一谈到孩子，就能说半天。相比之下，其他人的故事就不那么受欢迎。我不禁想："没有孩子的人也有自己的故事啊，为什么我们非得通过问问题的方式来决定谁有资格发言呢？"

轮到我的时候，我回答说还没有小孩，随后屏住呼吸，下定决心就这个话题多说几句。

我想知道其他人生小孩的经历和理由，谈一谈我对未来是否要生一个孩子的犹豫——"你怎么知道你想要小孩的？这可不是容易做的决定，到底是什么让你下定决心的？"

然而，这些问题我一个都没来得及问出口，话题就被转移到了下一个人那里。在周围人热切的注视下，我隔壁的女士立刻热情洋溢地讲起了她七岁的女儿。显然，我的故事没能出现在这次谈话中。

我开始义愤填膺，为什么只能谈论孩子？为什么只有生过孩子的人才有资格谈论孩子？为什么要在无形之中决定谁可以分享自己的经历，而另一些人的故事只能被规避？为什么不能让所有参与者自行决定是否发表自己的观点？

在隔壁的女士分享完自己女儿的故事后，问题又被转移给了下一个人——一位拥有棕色卷发的四十多岁的女性。"不，我还没有生过孩子。"她的回答和我一样。与我相同的故事即将重演，人们又理所当然地想要跳过她，将问题抛给下一个参与者。

就在这时，时间的脚步放缓了，仿佛清溪渐渐停止流动。"问吧，尽管去问，你找到了充分的理由，不是吗？"一个声音在我身后响起。我想，是苏格拉底在笑着鼓励我。

我看向他，向他解释这种做法在当下的时代并不容易被接纳。"我做不到，你知道的。"我低声说。

苏格拉底看着我，拉起斗篷，擦了擦他的运动鞋。"这正是你们的问题所在。你们喜欢制定无形的标准，控制问题的走向。你们总是倾向于获得某一类单一的结果，希望问题的答案是无害的，而规避那些真实的、可能会给人带来伤害的选项。然而那些被刻意回避的可能性，往往与问题本身联系颇深。"

"没错，但是——"

"你想问的是一个直击事实的问题，对吗？"

"嗯……对。"

"直击事实的问题会是坏问题吗？"

"我……我并不确定。"

"想想看，'是你自己选择不要孩子的吗？'和'是你自己选的发色、裤子、住处和工作吗？'有什么区别呢？你们把所有的痛苦都归咎于此，如履薄冰地制造着对问题毫无帮助的无形束缚。难怪你们之中有那么多人缩手缩脚，因为你们把整场谈话变成了一个雷区：因为担心爆炸而只打安全牌。多么肤浅，又多么无聊。"

我呼吸一滞，被质问得说不出话来。苏格拉底不慌不忙地继续说道："另外，如果你明明认为没有孩子的人的故事也应该被说出来，却依旧保持沉默，你就会成为话题主导者中的一员，帮助他们延续这种不成文的规定。"

我茫然地眨了眨眼睛："那现在应该怎么办呢？"

"你只需要问出来，把你的问题说给大家听。"苏格拉底往后退了一步，朝那位有着俏皮卷发的女士抬了抬下巴。

在苏格拉底的鼓励下，我决定试试看。我鼓起勇气，深吸一口气，直视着那位女士的眼睛，在些许压抑的氛围中问道："是因为你自己不想生小孩吗？"

周遭一片沉默，我感到其他人似乎倒吸了一口冷气。卷发女士望向我，手指夹住下巴，略显愠怒地说："不，并非我不想。"

"谢谢你，朋友。你可真是提了个好建议！"我在心里向苏格拉底嘶吼。与此同时，我开始拼命思考究竟该怎么做才能挽救这场谈话。

就在这时，午休结束了，我们纷纷起身朝教室走去。我走到卷发女士身边，结结巴巴地对她说："我从未想伤害你的感情，然而在诸如此类的对话中，那些说'我没有孩子'的人常常被理所当然地忽略，我认为这很不合理，我对没生过小孩的人的故事和经历也充满好奇，所以……我只是想把这个问题提出来，让这个对话中的每个人都被倾听。我们聚在这里是为了学习实践哲学和如何更好地提问，而且……"

我没能将话说完，因为我的懦弱。她略微点了点头，示意我可以不用再说下去了。"我觉得很奇怪，人们凭什么觉得他们有资格随便问问题？"她留下这句话，然后加快脚步朝教室走去。

那张午餐桌前的那一刻、那场对话，以及我的那个问题，始终清晰地留在我的脑海中，因为它唤起的感觉，无论是对我还是对其他人都是如此强烈。

尽管不知道卷发女士生气的真正原因，我还是感到羞愧和内疚。我的意图很单纯，只是想加深对话的深度，加强人与人之间的联系，让大家都有机会分享自己的故事。我不想再继续那些肤浅、无聊的对谈，不想再面对"你是做什么工作的""你来自哪个地方""你有几个孩子"这样的问题。我想让所有的故事都有被分享的机会，想质疑一个我所知的不成文的规定，想做一个现代苏格拉底——用好的问题、有价值的答案和优质的对话去征服世界。

我多么希望多年前的自己能够了解现在我所知道的一切。那样我就能找出一种提出恰当问题的方法，而不是让对方被淹没在情绪的泥潭中。那样，我就可以为对话创造一个合适的条件，让所有人都参与进来，引起更深层次的共鸣；就可以问出一些与话题产生联系的问题，让人们分享心中真实的、哪怕有时会让人痛苦的想法；就可以用不同的视角看待问题，并且找到不太可能引发防御性反应的提问方式。

好的问题会带来好的答案，你应该也注意到了这一点。我们需要找到一种能够进行平等对话的方法，让人们将最基本的想法和信仰表达出来。我们需要一种直达问题核心的谈话方式，将理性的思考与废话区分开来，让对话的参与者各自对自己的情绪负责。我们需要掌握问出一个恰当的问题的方法，来深化一场对话。这是我对你发出的邀请。

你可以接受邀请，当然也可以轻易地拒绝。没有令人痛苦的沉默，没有受伤的灵魂，也没有像在小饭桌上玩捉迷藏一样的意图。

如果那时的我能够了解现在我所知道的一切，我依然会选择提出问题，但是会以不同的方式。我会像苏格拉底一样，询问自己的提问是否可以得到对方的允许。我会在提问前示意："我对你的故事很好奇，你介意我问你与此相关的问题吗？"

那时的我只能用当时拥有的"桨"去"划船"，这导致了一次痛苦的经历，直到很久之后，我依然常常回忆这段经历。那次经历对我此后的人生发展有非常深刻的教育意义，甚至为我出版这本书做出了巨大的贡献。从那时起，我开始主动学习更多实践的哲学、质疑的艺术，学习如何审慎地思考以及究竟怎样才能进行一场苏格拉底式的对话。为此，我专门在荷兰本地及国外参加了培训课程，再后来我成立了一家公司——De Denksmederij，并开始举办苏格拉底式对话、批判性思维和提问艺术方面的培训课程和研讨会。而在此期间，我从未停止过学习。我学会了如何区分"有效问题"和"无效问题"，明白了一个好的问题应该具备的条件，以及如何加深对话的深度，让大家都参与进来，一同走进哲学的世界。我一直在向苏格拉底学习，并把他当作我的英雄。

我从培训、哲学咨询和演讲中感受到，当我们以不同的意图和他人进行对话时，产生的影响也是截然不同的。当你以苏格拉底的视角训练自己并不断改善提问方式，一场看似普通的对话会变得相当有深度。我还了解到，当你意识到人们在倾听和交流时可能遇到的所有陷阱，以及知道如何避开它们时，对话就会变得更有意义，也更有价值。

在自我提升的过程中，我也获得了带着人们一起学习这些知识、见解和技能的快乐。在回顾这些历程的时候，我意识到应该写一本书，将这些体会记录下来，送给所有渴望进行更优质的对话却不知道如何开始的人。

在本书中，以苏格拉底为顾问，我将带你了解提问的艺术。读完本书，不论在什么情况下，你都能成功地深化对话，提出更好的问题。

实践哲学能吃吗？

我是从实践哲学的角度来撰写这本书的。实践哲学并不是一个模糊的概念，这本书也不是留给象牙塔里长着胡子的老头儿看的经文。实践哲学将正义、友谊、包容和勇气等宽泛的概念与日常生活中的问题联系起来：你可以对自己的朋友撒谎吗？是否应该出台更具包容性的招聘政策？什么时候对亲友隐瞒真相是恰当的？……这是一种进行对话的哲学方式，通过这样的提问，我们可以共同找到智慧、新的见解和生活中普遍问题的答案。每个人都会面对这样的问题：我应该换工作吗？我是该和现在的伴侣在一起，还是开始一段新的感情？我的想法、感受和行为是否一致？我可以做到独立思考吗？你无法在谷歌或维基百科中找到此类生活化问题的答案。只有通过讨论它们并提出好问题，我们才有机会变得更加明智。

本书不会帮助你在闲聊方面做得更好，而是教会你如何进行深度、有意义的交流。当你探索新的可能性，当你打开思维的大门，并发现潜在的、从未造访过的空间时，对话就会变得更有深度。你可以通过这种思考方式转换视角，步入对方的思维世界，探索而不是企图胜过或说服对方。

你不仅可以了解自己潜意识中对人性的想法，也能为他人的想法留出更多的空间，这样做既有意义又使想法丰富多彩。这是一种我称为"敏捷视角"的技能——一种能够跳出自己的思维框架和观点的桎梏来思考的能力。哲学是训练这种敏捷视角的完美方式。敏捷视角就是探索和调查他人的观点，却不会立即陷入自己的观点之中。一旦学会使用这种能力，你就会发现自己的视野被拓宽，并且能够清晰、冷静地探索未知的世界。通过这种方式，你可以对自己的观点进行批判性的质疑，从而发现自己的思维空间比想象中大得多。

因此，这是一本为勇敢的思想家准备的书。对勇于质疑的人来说，相比得到确切的答案，他们更希望掌握探索世界的方法。这本书同样写给那些面对未知的事物不是立即惊声尖叫，而是选择先冷静下来，在沉默中思考的人。他们希望通过学习如何提出更深入、更有探究性的问题，从而成为一个更深刻、更明智的人。除此之外，这本书还适合那些不满足于主观而片面的"真相"，想要寻求真正智慧的人。爱因斯坦曾说："如果我有一个小时来解决一个问题，而我的生命取决于此，那么我会花前五十五分钟来决定要问什么问题。"

这本书将教会你如何提出关键、透彻又直击真相的问题。你要明白，对待问题的方式有很多种：邀请、探索、揭示、深化、挑战……任何一种都会使问题变得更有价值。通过阅读这本书，你可以充分锻炼思考、分析和批判性质疑的能力。它为你提供了实用而具体的工具——提出问题的前提条件、技术、理论背景和倾听的态度。你可以把这本书当作一个指南针，指引你进行更有深度的对话。

为什么是苏格拉底？

　　生活不是一份使用说明书，人们并不总能轻而易举地找到问题的答案。世上也没有一种处理问题的方式在某一情况下大行其道，而在其他情况中一无是处。

　　本书是一本关于培养质疑态度和提出好问题的实用指南，而穿着运动鞋的哲学家苏格拉底——此人爱好一向广泛——将会成为你的导师。苏格拉底是生于约2500年前的雅典哲学家，是实践哲学最杰出的代表之一，他常常漫步于广场和市集，与人们就最基本的问题进行哲学探讨。他毫不避讳地承认自己的无知，总是带着好奇的态度质疑社会中固有的知识和规则。苏格拉底在一生中提出了很多问题，没有人比他更了解提问的艺术。他这样做的原因主要有两个：

　　1. 他想成为一个更有智慧的人。苏格拉底曾说："我知道我不知道。"他从未停止寻找真理，他认识到真理会在人与人的对话中产生，因此他将对话视为自己思维的"磨刀石"。

　　2. 他想要消除谈话中的一切谬论、废话和逐利的想法。苏格拉底一直致力于帮助对话的参与者走向真理：他对人们进行批判性的提问，发现人们以为的所谓"真相"与真理相去甚远。

在当今时代，人们常常把意见当事实。我们带着无知、开放的思维和好奇心"了解事情的真相究竟如何"，而苏格拉底和他的哲学思考、实用的提问方法则为我们提供了一个完美的"指示牌"。通过向苏格拉底学习，我们可以掌握如何培养一种好奇、求知的态度，以及学会如何批判性地质疑自己和他人。

本书由五章组成。首先，我会探讨人们不善于提出好问题的原因、为什么有时人们甚至提不出问题，以及为什么人们会觉得提问是一件困难甚至可怕的事。

第二章里，我们会正式开始学习。这一章我们将在核心上下功夫，培养一种质疑的态度，这是提出好问题的起点。

第三章可以教会你一系列实用的提问技巧，这些技巧将为你提出优质且深刻的问题奠定基础。在这一章中，你将会训练自己有效倾听的能力，了解语言的重要性，以及明白在提出尖锐问题时可以从夏洛克·福尔摩斯那里学到什么。

你可以在第四章中找到许多提问的诀窍。你将学习如何提出技术层面上优秀、成熟和深入的问题。你会了解"回音式问题"这个新概念，并理解它为什么在对话中是如此有效。更有趣的是，这一章还将教会你识别问题中的陷阱。

最后，在第五章中，我们将一起看看在提完问题之后会发生什么，你可以组织一场对话，看看接下来会发生什么。

你可以切实感受怎样让对话变得更有趣，怎样运用实践哲学让你变得更睿智。

为什么要进行自我锻炼？

人们为什么要锻炼自己的哲学思维并提出好的问题？

你可能会说，我每天已经够忙了，哪有精力学这些。别担心，我会为你提供足够有说服力的理由。

第一，人们需要这种能力。这个快节奏的社会越来越呈现出一种两极分化的倾向，只有放慢脚步、展现真正的好奇心、提出正确的问题才能避免被卷入肤浅的旋涡。公开的辩论赛、线上或线下的论坛、脱口秀、采访、评论文章，甚至是圣诞晚宴上的激烈对话常常有一个非常明确的指向性，这种对话将立场一致的人聚集起来，他们维护自己的想法，攻击他人的意见，混淆观点并相互推波助澜。然而，这种热火朝天的对话并不能推动社会和个人的进步。这种对话的结果就是每个人都站在属于自己的角落里，在自己有限的思维世界中陷得更深。

在理解别人之前，我们首先渴望被别人理解，这就是为什么这个世界需要我们进行更优质的对话。如果我们可以更专注于倾听，更好地参与到对话中并积极地思考，或许我们可以在被理解之前先理解他人的困境。而不可否认的是，好的问题恰恰能对话题的深入起到推动作用。

事实上，在当今这个时代，人们极度缺乏创造力、想象力和批判性思维能力。

提出尖锐的问题有助于我们发展自身，并使复杂的对话变得更高质量、更细致、更丰富，也更自由。这本书就是我为在这方面获得成效所做的尝试。

我们需要进行自我锻炼的第二个原因是，你与他人对话的质量会得到极大提高。当和家人坐在餐桌旁共进晚餐时，你可能会希望有一个比"学校生活怎么样"或"最近工作还忙吗"更有趣的话题。如果你能培养自己的好奇心，提出不同的问题，那么在酒吧、餐桌、教室、媒体和生日宴会的对话就会变得更加愉快。如果学会了我教给你的提问方法，你就一定会对世界有一个更深的了解。你将发现他人身上的新鲜事物，并在充分思考后得出令人兴奋的新见解。你们将会更好地了解彼此。不仅如此，分享和倾听还可以让你变得更有人情味。

第三，锻炼自己是一件很有趣的事！思考、质疑、应用实践哲学本身就是一种乐趣。对此，我的一个学生用了"上瘾"一词。你可以清楚地感知自己的思维变得越来越清晰，直达问题的核心；你可以明确分辨出什么样的对话有意义、什么是废话，并从中获得新的见解，发展新的想法，和对话的参与者一起解惑。在学习中，你可以逐渐拓宽自己的思维空间，使你的思维更加灵活、宽阔与包容。发现并探索他人的思想世界，带着话题与参与者共同探索智慧，是一个其乐无穷的游戏。我们可以肯定地说，实践哲学活动中对事物发展、论断、陈述无休止的质疑，本身就是一种有意义的活动。正如你在学习绘画的时候，练得越多就会画得越好，提问也是如此。

最后，你可以通过提问和旨在和他人共同探索智慧的对话更好地了解自己。记住，永远不要停止对一切事物进行批判性的思考和质疑。虽然这样做不会给你提供现成的答案，但它会让你找到适合自己的语言。人和事会随着世界的运转不断改变，然而它们并非完全难以捉摸，我相信好的问题能在事物之间创造出真正、切实的联系，这种联系会公正地反映出我们本质上的差异和相似性。

第1章

为什么我们不善于提出好问题？

世上只有一种善，那就是知识，
也只有一种恶，那就是无知。

——苏格拉底

事情究竟是怎么发生呢？我们真的那么不善于提出优质的问题吗？为什么会如此？

如果真是这样，那我们还有希望改变这种局面吗？在本章中，我将逐一解释问题到底是什么、我们为什么不爱提问题，以及为什么我们常常无法提出优质的问题。

"我整天都在问问题，却从来没有一门课程教我如何提问。"

每当在聚会或网络论坛上回答"你究竟是做什么工作的"这个问题时，我总是热情地介绍自己："我的工作就是通过哲学的方式帮助人们提出更好的问题……"很多时候，每当我说到这里，就会被其他参与者打断："提问？可是这很简单啊！问问题有什么艺术可言吗？我整天都在提问。我们没有必要专门就提问开设一门课程，不是吗？"在诸如此类的回复中，讽刺意味不言而喻。然而，对于一个声称整天问问题的人来说，他们提出的问题都是具备针对性且加以修饰的，却不是具备开放性和求知欲的。因此，这些问题甚至不能被称为真正的问题。我只是想要给人们提个醒：如果想要提出真正优质的问题，还有很多工作要做。

的确，我们整天都在提问，或者应该说，我们认为自己总是在提问。然而，我们实际上只是提出了一个带问号的句子。即使你认为自己每天都能提出很多问题，已经十分精于此道，在读完这章之后，你也很可能会对自己感到非常失望。提问是一种没能被我们这个社会完全掌握的技能。我们总是一口气问出很多问题，然而其中很多都是不完整的、具有暗示性和修饰性的问题，甚至还有很多错误和虚假的问题，比如："你觉得彼得最近的心情很糟吗？""当然，我也这么觉得，难道不是吗？""你最近怎么不抽烟了？""你和我想的一样吗？""你知道该怎么处理这种情况吗？""你知道安娜为什么生气了吗，是不是因为……？"

当对方提出问题或说明困境时，我们第一时间会条件反射地想到一些标准化的回复："你有没有试着和她谈谈？""我知道有一种方法能解决这个问题，你或许可以试一试。"……我们会为对方提供一些主观的建议，或者把自身的经历加到对方的故事中。

我们宁愿说服对方相信我们是正确的，而不是进一步探讨对方的观点；在听到对方的故事后，我们会立即把它与自己的生活联系起来，而不是让思维停留在对方的故事上……在谈话中，我们总是忙着思考下一时刻要说什么，而我认为这并不是交流的重点，我们真正应该做的是花时间去倾听。

好消息是，我们可以学会怎样问出好问题。虽然提问的能力是与生俱来的，但你仍然可以通过后天努力培养这种技能。就像跳高一样，每个人都可以跳起来，每个人也都可以通过专业的训练跳得更高。我可以保证，通过自主锻炼，你一定可以做得更好。

问题是一种可以用来进入对方思维空间的工具。你可以把它当作一只精致的镊子，或者一个坚硬的钻头、一张精细的砂纸、一根撬棍，它会在你打开对方心门时发挥不同的作用。与其他工具一样，结果取决于你如何使用它。我可以用凿子将一块石头雕刻成艺术品，但如果用力过猛，或者凿子不好用，就会把雕塑的头凿下来。我们可以用砂纸打磨墙体的表面，但如果砂纸太软，你付出的努力就会白白浪费。这与问题的运作方式相同：作为一种工具，在你部署和使用问题的过程中也需要足够的技巧。

由真正的好奇心产生的问题会使你不断向他人靠近，它是一张打开对方心扉的"邀请函"。在提问时，你真正想要表达的是我想要接近你、了解你。这种行为有一定风险，因为对方可能会回答："滚开，离我远点。"不言而喻的是，尽力避免这种情况正是我们要学习如何提出好问题的原因。

到底什么才是问题？

在正式开始学习之前，你应该花点时间思考一下问题到底是什么，更重要的是，它不是什么。当然可以假设我们已经了解了问题的含义，但如果仔细观察一下，你就会发现，我们提出的许多问题并不是真正的问题，它们可能是变相的意见或假设。例如："你不也认为艾伦是对的吗？""难道你是说……？""他说得很对，你不觉得吗？"这些带问号的句子要么是假设或论断，要么是被问题包裹的观点。

在荷兰最全的线上词典中，你可以找到对问题的定义：希望得到口头回应的语言行为，以获得信息、肯定或否定；有时也可以以某种行为做出回应。

词典给出的不是错误的解释，然而它没有涉及你提问的方式、意图或对对方的预期和影响。在这本书中，我会以实践哲学的方式解释什么是问题。对此，我总结了以下定义：

- 问题是一张邀请函，邀请大家思考、解释、磨砺、深入挖掘、提供信息、探索、建立彼此间的联系。
- 一个好问题需要具备明确性、开放性，能够激发人们的好奇心。

·一个好问题需要集中在对方和他们的故事上。

·一个好问题会引人深思。

·一个好问题会使问题的回答者得到新的领悟，并为他提供新的视角。

通过这些定义，我们也排除了一些可能会和问题混淆的行为：问题不是提供建议、检验假设、分享意见或钳制他人的方法。

这听起来很容易区分，但生活中我们提出的许多问题常常属于后者。很多时候，我们提出的问题实际上是我们自己的恐惧、感受、想法与需求。我们会不自知地将这些主观倾向投射到对方的故事中。基于这种心态，我们提问的目的是让自己放心，而不是阐述或质疑对方所说的内容——

就像在听你讲完与伴侣的争吵后，你的朋友回应说："你现在是不是想和他分手？"或者你的同事讲完他在托斯卡纳度假的经历后，你问他："下次是不是该考虑去意大利吃比萨了？"又或是当你母亲生病时，关心你的朋友会说："你要去做陪护吗？我之前也做过一段时间，那可不是件容易的事。"

不存在所谓的坏问题

人们常说："世界上没有坏问题。"这种说法通常是为了鼓励你更多地提问，而不是将自己的好奇心掩藏起来。我认为这句话本身并无不妥。奥斯卡·王尔德曾经说过："书无所谓是道德的或是不道德的。书有写得好的，有写得糟的，仅此而已。"问题也是如此，本身没有好坏之分，只有提问方式的优劣。

在本书中，我所谓的"好"问题是指那些既符合问题的定义，又能引发对方思考的问题。如果你没有经过恰当的引导而提出问题，这可能会阻碍你的思考，会与提问目的背道而驰。构成一个好问题的要素包括：合适的意图、恰当的措辞，并且传递有效的内容。虽然这样的解释可能非常宽泛，但我实在无法就此举出一个具体的例子，毕竟在一个场景中十分有效的问题在另一种情况下可能完全不起作用——在沟通中闪现的共鸣和好奇心只有在当时那场特定的对话中才有效。

怎样才能进行深入交谈？

在这本书中，我将和你探讨怎样才能进行深入交谈，即如何进行有深度、有内容的对话。在此之前，花点时间思考一下"良性且深入的对话"的定义是很有必要的。

首先，一场好的谈话不是把意见并列、交换逸事、互相推诿、牛头不对马嘴、各自演独角戏、一个口若悬河而另一个呆若木鸡。

深入的对谈是对参与者的经历进行调查的对话，是对思想、概念、问题与人类形象的进一步探索，且必须具备平等性、刺激性和对智慧的追求。

为什么我们不善于提出好问题？

如果想要提出更好的问题，你还需要了解为什么我们往往不善于提问。例如，在学习辩论的时候，我们通常需要进行大量练习来掌握辩论的逻辑和方法。然而，光靠练习还不足以达到目的。我们还需要识别语言的陷阱，并获得关于如何进行辩论和确立强有力的论点的理论知识。如果想要学习烹饪，除了通过做饭来练习之外，还需要获得关于口味、气味和食材营养成分的理论知识。这意味着要想真正掌握一项技能，我们需要深入研究某些产品、工具和技术。

在开始练习如何问好问题之前，我们先反思一下在这方面失败的原因。你会发现其中许多原因或许也适用于你。这些知识可以让你更加了解自己作为提问者的能力，并且帮助你避开提问陷阱。除此之外，还能让你自发地观察周围人的对话，并从中学习到什么该做、什么不该做。

为了写好这本书，我还专门打电话采访了一些人，并对他们进行了以下咨询："什么原因让你有时不肯问问题？""你认为人们为什么能忍住不提问？"从这些访谈中，我总结了人们无法提出好问题的6个原因。

1. 生物学角度：谈论自己比提问更有趣。
2. 对提问的恐惧：张开嘴提问是一件非常需要勇气的事。

3. 缺乏成就感：提出观点比咨询他人的意见更有成就感。
4. 缺乏客观性：我们正逐渐失去客观推理的能力。
5. 时间不足：提出好问题需要花时间准备。
6. 缺少能力：没有人教过我们怎样提出好问题。

原因1　生物学角度：谈论自己比提问更有趣

一个不得不承认的事实是，常常过于以自我为中心，让我们无法提出好问题。

提出好的问题意味着我们想要进入对方的思想世界。但我们常常会认为其他人的世界没有我们自己的世界有趣。我们只关心自己的观点、看法、身份和故事。下面我将列举几个因以自我为中心而无法提出问题的例子。

打断、随意评价，重复自己的观点

有些人经常会在你讲述自己的经历的时候喋喋不休。

"你在泰尔斯海灵岛的假期过得怎么样？发生了什么有意思的事吗？"

"当然，我们去了Oerol艺术节[1]，还沿着海岸线骑了自行

---

1 在荷兰语中，Oerol的意思是"任何地方"。举办Oerol艺术节时，整个泰尔斯海灵岛就是展览和表演的平台。——编者注

车，之后——"

"我几年前也去过Oerol艺术节，是和亚普一起去的。不得不说，那真是个不错的地方，就是晚上太冷了！我们去的时候连一件厚衣服都没带，毕竟当时是6月份。岛上的气候可真是让人捉摸不透。"

我愿将这样的人称为"对话杀手"。我从未遇到过一个喜欢在自己说话的时候被打断的人。当对方打断了你的故事，不断重复着自己的观点、夸夸其谈的时候，你一定会腹诽："好吧，我闭嘴了，把舞台留给你，你该不会真把我当成你的粉丝了吧……"

认识到这种恼人的行为很容易，但我们极少思考发生的原因。

打断别人说话的人，本质上是因为缺乏倾听的能力。想一想，在打断别人时，你是不是只顾着倾吐自己的观点，而忽视了对方的内容？一旦开始喋喋不休，你就会主宰对话，不给对方留下参与话题的空间。一遍又一遍地重复自己的观点，其实就意味着你对对方的观点不感兴趣。

在其他人讲话时，只顾着想自己接下来要说什么

有时，对方还没说完话，我们就会开始思考在他说完话之后自己该说些什么了。我们只会在意最初自己留意到的那

个观点，并一直停留在那里，想方设法地找到支持或反驳它的论据。因为一旦继续跟着讲话者的思路走，我们很快就会忘记自己想说的话。

在理解对方想要表达什么之前，我们总是先想着怎样表达自己才能让对方理解。如果你经常这样做，就意味着你没有良好的倾听能力，心里只想着自己。

这种情况下，通常在听到对方的前两句话时，你就会头脑发热，第一时间绞尽脑汁地搜索自己的观点和与之相关的看法。

安娜："我有个激动人心的消息！我辞职了，我觉得自己太勇敢了！几天之前我就想和老板说这件事了，今天终于说出口了！"

华特："你想好要找什么新工作了吗？"

安娜："虽然还没想好，但是——"

华特："那你这样做就太不明智了。在丢掉旧鞋之前一定要把新鞋买好。我可不敢像你这样干，贸然辞职的不确定性太多了。"

安娜："你说的确实有道理，其实我在做决定之前也考虑过这个问题。而且，除了下一份工作之外，我还考虑了很多其他的事。"

这并不是真正的对话，这种交谈的最终结果，往往是对话变成两段并列的独白。

条件反射地提出帮助与建议

许多人对交谈中另一方的问题的反应，就像是西班牙公牛见了红布，他们会不管三七二十一地直冲过去，不是用试探性的问题，而是提出建议和指导。

你知道这种时候该怎么做吗？你应该直接打电话给他的。你到底有没有试过给他打电话？……

这样做本身并没有错，但确实充分暴露他们以自我为中心的事实。你要知道，对方主要关心的是"解决"和"修复"，而不是倾听、了解问题的根源和询问你的意愿、动机和经历。你提出的建议往往只是从自己的角度出发，你侃侃而谈自己的经历，却对叙述者或提问者的情况没有多少了解。

我也这么认为！（没有比这更糟糕的了）

有些人很擅长充当"话题掠夺者"。当你激动地告诉身边的人你刚从马尔代夫度假回来，并且迫不及待地想要讲讲自己在假期中做了什么、看到了什么时，你的谈话伙伴却热情地截断话头："哦，马尔代夫，我度蜜月去的就是马尔代夫。那儿太漂亮了！我们当时还去附近好几个小岛转了转，而且……"

在对话中，最令人讨厌的莫过于某个对话参与者"劫持"了你的故事，将其与自己的故事并列，并开始自顾自地、喋喋不休地谈论。

其实，话题掠夺者的意图并不坏，他们只是陷入了一种非常自我的条件反射，一味地想让对方知道自己也很兴奋，并且有过相似的经历，能和对方找到共鸣。

这种人对话题开启者完全没有敌意，相反，他们希望更多地与对方建立联系。然而，这样做的结果往往会适得其反。最终，话题开启者会在失望与烦躁之下放弃表达自己的观点。如果你不想做一个扫兴的话题掠夺者，那么下次在和朋友聊天的时候就应该三思而后行。

很多时候，我们之所以没能提出好的问题，是因为我们陷入了为别人提供建议、帮助或以自我为中心的误区。一旦有人开始讲故事，阐述个人经历或提出问题，我们就会条件反射地想要为对方贡献解决问题的办法。而这时的你，通常只会提供对自己有用的建议、帮助，或者讲述自己关于这个主题的经历。

提供建议、帮助或分享自己的经验可能会让我们自我感觉良好，但是，让对方从自己身上找到答案会使他们受益更多。讲述者需要的是一个契合他的核心价值观和人生愿景的答案。然而，仅凭自身的努力是很难敏锐地捕捉到自身痛点的，他需要其他人的帮助——不是为他提供善意建议的人，而是向他提出正确而尖锐问题的人。

提问没什么意思，但谈论自己就有趣多了

即使对方还在讲话，我们也能非常迅速地将"自我"投入到对话中并乐此不疲。对此我们可以找到一个非常合乎逻辑的生物学解释，即"主观体验良好"。《科学美国人》提供的数据显示，在对话中，平均有60%的时间，人们都在谈论自己。

如果我们只将目光放在线上聊天（例如推特和脸书）领域，那么这个数字则会上升到80%。我们显然更喜欢展示自己的困惑、快乐和忧伤，将自己成功的经验、抱怨和愤怒广而告之，让自己成为舞台的主角。

生物学方面的研究表明，我们在谈论自己时，大脑中会产生大量的多巴胺——它会让人产生一种陶醉的感觉。

哈佛大学的科学家专门对这种现象进行了一项研究：在一次使用FMRI（功能性磁共振成像）扫描仪的实验中，科学家们要求195名受试者分别讨论自己和他人的观点以及性格特征。随后，他们研究了受试者讲述自己（以自我为中心）和他人（以他人为中心）时神经活动的差异。

该项研究发现了三个明显的神经区域。与此前的研究吻

合的是，人们在谈论自己时，内侧前额叶皮层的激活水平更高，这种现象通常与"自我思考"有关。

基于这个实验，另外两个此前从未被与自我思考联系在一起的神经区域也开始受到人们的关注，它们分别是伏隔核和腹侧被盖区。二者都是中脑边缘多巴胺系统的一部分，该系统与人体内的一种"奖励"机制有关，这种奖励机制与性、可卡因和饮食等刺激产生的快感类似。

当你谈论自己时，大脑中的这些区域就会被激活。这充分表明，自我披露、分享自己的故事、谈论自己，本质上就像性、碳酸饮料和美味的食物一样令人愉悦。这种理论解释了为什么人们会自然而然地将话题引向自己而不是其他方面。无论其他话题多么有趣，从本质上讲，谈论自己总是会比提出问题有趣得多，因为它能为你带来更充沛的快感（即分泌多巴胺或触发"奖励"机制）。

然而苏格拉底会说，我们的故事其实并不像我们自己想象的那么有趣。他认为，一个人可以在参与他人思考、聆听陌生信仰和对事情经过的调查过程中，找到令人兴奋的、能够丰富自己内心的因素。如果你想变得更聪明，那么对方的思维世界就是你找到新见解的地方。

问问自己

- 你真的认识自己吗？你倾向于给别人提供建议吗？你总

是想要向别人介绍自己的经历吗？

·在下次谈话中，你可以试着注意以下几点：提供帮助、建议、接别人的话对你或他人主导的谈话有什么影响？它们会使人侃侃而谈，还是令谈话发起者沉默？

·当有人突然不请自来地为你提供建议时，你有什么感受？

·当别人在你开启的对话中对自己的经历大谈特谈时，你的心情如何？

在一些情况下，上述情况或许对对话并无大碍，但在很多时候，它们会使整场对话的气氛在不经意间变得微妙。意识到这一点，有助于你更仔细地处理自己的建议、经历或问题。

原因2　对提问的恐惧：张开嘴提问是一件非常需要勇气的事

当我就"提问"这件事对人们进行采访时，我经常会问他们："什么原因让你回避提问？"从他们的回答中，我得出了相当多有意义的结论。

我们在惧怕三件事：

1. 让对方感到不适。

2.因自身的痛苦经历而感到不适。

3.对冲突、争吵和所有可能造成不快的因素感到不适。

对会造成他人难堪的恐惧是提问者的困境之一。你是否会询问一个有着明显身体残疾的人他不能做且最怀念的事是什么？你敢不敢问你的采访对象是否想在采访后阅读你们的谈话记录，即使你已经知道她是个彻头彻尾的文盲？我曾经这样做过，并觉得难受极了。事实上我比她还要难受。或许她现在已经忘记当时因语言障碍带来的羞耻感，但那一切对我来说仍历历在目。询问受访者的痛处对提问者来说，始终是一个棘手的问题。我们为触及对方讳莫如深之处感到羞耻，同时也可能触及自己脆弱的一面。我们会因让对方感到不适而责备自己，这让我们的问题如鲠在喉，最终错失提问的良机。

记者与故事创作者西瑞德的观点一针见血："我们害怕问出实质性的、令人兴奋的问题，这些问题可能会导致不适，但也可能创造彼此的联系，因为这一切都是与人性的弱点相伴而生的。"

让你感到不适甚至恐惧的往往都是生命中的大事件，并且伴随着沉重、痛苦。有些人回避癌症、死亡、疾病等话题，因为他们可能刚刚失去了某个亲人或刚刚收到了医院的诊断证明。在面对此类问题时感到咽喉干涩是情有可原的，因为你害怕面对痛苦、创伤，甚至眼泪。

大约八年前，在开始进行有关提问的哲学思考之前，我在担任驯马师和马术教练时曾经给一个名为卡罗琳的小女孩上过课。我们几乎每周都见一次面，但在某一天之后，我就突然失去了她的消息。在夏天即将过去时，她给我留言说她的父亲突然去世了。我当即向她致以最深切的慰问和沉痛的哀悼。几周后，当她再次来上课时，我完全不敢提及有关她父亲的任何事。

我不想揭开别人的伤口，而且我认为她当时只想专心学习如何骑马，不想谈论伤心事。后来她告诉我，那天，她因为我丝毫没有提及她父亲的事而感到十分失落，因为她当时正有满腹心事想要倾吐，而我却没为她提供机会。

在这段经历中，我吸取了一个极为深刻的教训：不要因为恐惧就拒绝发问，不要让自己的烦恼和痛苦决定自己是否提出一个重要问题。

我们更喜欢待在舒适圈

赞同永远比否定更安全，而分歧是可怕的，因为它伴随着拒绝与排斥。人们最不愿面对的就是被排斥，提出不同意见仿佛是让你被排除在团体之外的原因。也许这就是你有时会对他人的观点做出让步的原因。

致力于训练批判性思维的德西莉亚说："如果有人询问我的意见，我通常会等上一会儿。我会先看看其他人的表情，听听他们的说法，静观其变。只有在知道别人的想法后，我才有勇气提出自己的观点。"

如果在对话中能保持一致的观点，气氛当然会很融洽。为了保持一种凝聚力与和谐感，我们会下意识地回避一些问题，对和谐的需求、对自身标准和价值观念的确认，会使我们就问题本身进行引导和控制。

从这方面来说，提出好的、真诚的、令人好奇的问题，将是一种信念的飞跃：你将一个真正问题提出来，然后放手，不希求得到任何答案，不提供任何隐藏的建议，不将自己的故事杂糅其中，也不对对方的回复品头论足。其中或许存在对方反对你观点的风险，然后整个对话就会变得非常不愉快；你的问题也可能会使对方内心失衡，并在对话中感到紧张；你可能会为一个"无礼"的问题感到羞愧，抑或是因为给另一个人带来不便而感到内疚……但是，如果我们以不同的方式处理这些问题，就不会感到内疚和羞耻。事实上，我们总是无意识地让自己陷入困境：我们经常将所有在对话中产生的不愉快归咎于问题和提问者。大人们总是会对孩子说："小孩子不该问这个。"我们会轻易把一个问题定义为"不礼貌"或"过于私人化"。当不知道该将沉闷的谈话氛围归因于什么的时候，我们大概率会简短地说"这个问题问得不合时宜。"

如果你提出了一个令人兴奋又真诚的问题，就会有被怀疑的危险。然而这往往是一个促成深度交流的机会。但是，人们如果不想再经历这种尴尬的事，那么便会尽量避免更深刻、更刺激的问题。我们自己创造了一种提问文化（不如说是"不提问文化"），这种文化使我们宁可缄口不言，也不愿冒险提问。

当我们因信仰障碍、害怕被拒绝和恐惧而不敢提出问题时，就只剩一件事可以做，那就是做出假设。你只能根据自己的经历去推测一件事会怎样发展和有什么样的结果，毕竟当你不允许自己问出那些重要的问题时，你也就没有别的什么东西好说了。

问问自己

· 你在什么情况下问不出问题？当时你在怕什么？是怕让对方感到不适，还是出于自己的恐惧，抑或是你害怕和别人发生冲突？

· 你有没有曾经想问出口，但最终选择缄默的问题？你还记得那时发生了什么吗？

· 你是否有过自以为了解事情全貌的时刻？你是否只对事情的结果做出了假设而没有去检验它？你还记得具体的例子吗？

· 你有没有发现自己试图通过某种方式来表达问题，进而控制对话？你是怎么注意到这种情况的？

原因3 缺少成就感：提出观点比咨询他人的意见更有成就感

不善于提出好问题的另一个原因是人们不会因提出问题而获得成就感。

为什么有时候你不会问出自己好奇的问题？我的一项研究的参与者给出了答案："提问会暴露你的无知。我身边很多人都是出于这个原因才拒绝提问的。显然，我们宁愿保持无知，也不想让自己显得愚蠢。"提问意味着你好奇一件事的答案，同时也暴露出你还不知道这件事情的答案。也许你提问只是因为对某个问题感到怀疑，但怀疑可不是什么好事，它会让别人对你的印象大打折扣。

布芮妮·布朗在她的著作《渴望联系》中写道：

> 回顾过去的一年，我已经记不清上一次有人向我就一个话题发起提问是什么时候了。即使面对一个充分了解的问题，我也常常没有机会和人们进行足够充分的交谈……在一个你必须适应的文化环境中，无论是在家里、工作还是社会中，好奇心都被认为是软弱的象征，质疑则等同于对敌人的尊重。

把无知或怀疑贴上低人一等的标签，会在不知不觉中让我们丧失提问的能力。为了掩饰自己对某件事的不确定性，我们将自己的疑惑转化为不懂装懂的沉默；为了避免成为一个愚蠢的怀疑者，我们假装知道别人在说什么；为了让自己显得更有能力，我们喜欢把意见作为事实来陈述……任何包含困惑的提问都会暴露自己的不自信，而人们恰恰羞于在他人面前表现自己的不自信。

表明一种明确的意见归属和立场是参与辩论的必要条件，这已经变成一种共识，悄悄潜入我们的文化。无论是否有价值，发表明确的见解总是比怀疑或沉默更可取，对事物的观点摇摆不定被看作一种软弱，哪怕实际上这是一种"思维灵活性"的体现。

怀疑并不是我们喜欢的东西。从传统观念上讲，人们普遍喜欢确定性。诚然，人类在"学会怀疑"这件事上本就做得不太好，我们的大脑无法接受事情悬而未决或形成开放式的结局。

在远古时代，当人类祖先躲在灌木丛中通过打猎谋生时，他们就受益于快速获得答案了。尽可能快地知道在哪里能找到食物，了解打猎和准备食物的最佳方法，对生存有着至关重要的作用。一个幸存下来的原始人，最不需要的就是保留问题的答案。

我们的大脑似乎不喜欢花时间去思考或探索一个重要的问题。当别人问你"现在几点了？"或"你今晚准备吃什么？"时，你的大脑就会自动搜索答案，这就是大脑的用处：搜索必要的信息，将它们联系起来，分析我们应该或可以用它们做什么，然后进行下一步。

由于如此习惯快速找到问题的答案，在面临重要而庞大的问题时，我们也会自然而然地表露出这种倾向。但当涉及重要的意见分歧、判断或生活选择时，它就会产生反作用。

做问题提出者而不是观点制造者

观点制造者是倾向于和人们分享观点的人，他们通常会表明自己的立场并振臂高呼，试图鼓励其他人进行思考。"观点制造者"相当奇特，他们就像一种观点的预言者。诚然，很多时候我们需要预言家为我们指明方向，然而在这个过程中，我们是否也忘记了自主思考，放弃了独立形成一个有理有据的观点的权利？

观点制造者可以为人们提供更清晰、更尖锐的视角。他们可以促进我们转换思维，从不同的角度看待事物。然而，如果你站在问题的对立面用另一个尖锐的观点来反驳他，你就会造成观点的两极分化。另外，这些现成的观点也会让我们变得懒惰，我们可以直接从众多观点中挑选一个自己喜欢的。在这种情况下，一旦有另一个人阐述了正好相反的精彩的观点，我们随时有可能丢掉过去的观点向他倒戈。就如同挑选外套一样，我们可以把许多不同的观点"搭"在肩膀上，对着镜子看看是否合适。而这些观点只有很少一部分是我们自己的，大部分都来自他人。

随着观点被扔进公共空间的速度不断加快，人们已经没有时间和机会进行自己的思考——甚至你还没来得及给三明治抹上花生酱，就听到了周围此起彼伏的争论声。

对不了解的问题诚恳地回答"我不知道"，然后暂时闭上嘴巴，在沉默中小心翼翼地提出问题，这种能力或许和观点制造者的观点一样必要。

因此我提出这样一个新概念——问题提出者。他们代表了一群还不明确问题答案但是勇于提出问题的人。他们可以引导人们提出疑问，并让话题参与者进行平静的反思。问题提出者无须提出一个具体的命题，他们要做的是对某个问题提出疑问，从而推动人们进行反思并发起深度对话。

在我的信念中，一个好的问题可以让事情开始运转，而答案却会让人们停止思考。一个合格的问题提出者，会为被提问者留出足够的思考空间，允许人们在沉默中反思和形成自己的观点。很多时候，哲学家会扮演这样的角色，然而你不一定非得是一名哲学家才能成为一个问题的提出者。

问问自己

- 你是怎样认识自己的？
- 你是否有时为了让自己显得睿智而敏捷，在未充分思考之前就表达了自己的观点？

·你是否敢于说出自己不知道问题的答案或者还没形成一个成熟的观点？

原因4　缺乏客观性：我们正逐渐失去客观推理的能力

在观点凌驾于事实之上的社会里，客观性会自然而然地从文化中淡出。这也是我们无法再提出问题或提不出好问题的原因之一：每个人都有权享有"自己的真理"。我们会对彼此说："这是你的观点。""你可以保留你的意见。"或者"公说公有理，婆说婆有理"。这就是我们今天思考问题和生活方式的特点：每个人都有自己的真理，我们应该无比认真地对待。

"自己的真理"被装在我们的信仰中，形成了我们的身份认同，我们不喜欢让它遭到质疑，更不用说修改这种真理和尊重观点的灵活性了。至于客观性，人们现在已经不知道那是什么了。

观点一旦形成就很难被更改。有时，即使有人提出令人信服的反对意见，这也很难动摇你的立场。最近的研究表明，当有矛盾的证据出现时，人们实际上会更坚定地相信自己的观点。

在《意见的分歧》中，作者鲁本·默什谈到了一个实验。在研究中，科学家使用功能性磁共振成像对三名受试者的大脑进行检查——这种扫描可以观测大脑活动并观察大脑中的情绪。第一名受试者在实验前被打了一个耳光，扫描结果显示，当时他表现得相当情绪化。第二名受试者在扫描时受到了辱骂，他的结果与第一个人相差无几。而第三名受试者在扫描之前被科学家灌输了与他本身信仰截然相反的观点。你猜怎么样？第三个人也显示出同样的扫描结果。这项实验证明，耳光、叱骂或反对意见会给你的大脑带来相同的信息。这证明了多数情况下，人们并不是以理性而是以生存模式思考问题。

出于真诚和好奇提出问题，可能意味着你将不得不修改自己的观点，而我们体内的一切都不希望这样做。人们宁可选择错误地固执己见，也不愿接受可能是正确的但会让自己陷入不安境地的新事物。当面对一个更困难的问题时，我们会本能地进入生存模式，因为此时的问题意味着你的身体受到了威胁。

当然，这一点并不适用于像"你住在哪里"这样的事实性问题。但当有人质疑你的陈述，而你必须解释为什么自己会说这些话时，你才会不由自主地感到紧张。例如：

"我只是不愿信任一个有阶级制度的社会。每个人都应该履行自己的义务，阶级制度是行不通的。"

"为什么阶级制度行不通？"

"我认为同性恋本身没有问题，我并不反对同性恋，我只是想回避这个话题。"

"能解释一下你为什么回避这个话题吗？"

认知神经科学家塔利·夏洛在接受《忠诚报》采访时表示："信念是人的一部分，与之相悖的信息会威胁到我们人格的核心，所以我们会不由自主地抵制不同的声音。我们不愿对自己的信仰和自己是谁产生怀疑。当父母说他们看到一只粉红色的大象在空中飞行时，幼儿会选择相信他们，因为这个世界对幼儿来说还是完全陌生的。幼儿经常会发现光怪陆离的事物，并在探索世界的过程中更新自己的想法。但成年人已经形成了强烈的信念，难以被轻易动摇。而且我们不得不承认，这些信念在大多数情况下是正确的，如地球上有重力，太阳东升西落，世界上没有粉色、会飞的大象。这使得改变不合理的信念变得非常困难。"

当被问到必须回答的问题时，你就要进行反思，这也意味着你需要挑战自己固有的想法，或者必须要面对自己信念中的错误。如果你想在提问与回答的过程中锻炼多角度思考的能力，就必须敢于放下"自己的真理"，为客观性留出空间。

我在第一次进行苏格拉底式对话时谈论了这样一个问题：父母对子女的爱是无条件的吗？当时有六个人参加谈话，其中一位名叫玛丽克的参与者态度坚定地表示："我有两个孩子，我确信我将永远爱他们。无论他们做什么，这种爱都会延续下去，永永远远。"另一位参与者杰西卡对信誓旦旦的玛丽克质疑："你怎么能确定无论你的孩子做什么你都会一直爱他们？""我一定会一直爱我的孩子们，我就是知道！"玛丽克回答道。此时第三位参与者加入了谈话："那如果你的孩子在冲动下杀了人呢？你还会坚定你现在的观点吗？"在听到这个问题后，玛丽克的语气明显变得愤怒："你举的例子太极端了，根本没有任何讨论价值。"

忍受被提问、被挑战、被邀请深入反思自己，有时甚至是推翻原有的信念，都会使我们感到焦虑，让我们想要逃避。毕竟我们的身份认同很大程度上来自我们的观点和信仰，我们的观点背后是完整的个人性和世界观。基于这一点，与固有信念保持距离并重新审视它们会让人感到不适，会条件反射地想要为自己的观点辩护。与其说我们相信信仰本身，不如说我们相信信仰所代表的身份。在前面的例子中，玛丽克最终回避了他人的问题，并做出了防御性的回应。她选择不批判性地审视自己坚如磐石的信念和属于自己的真理，甚至不愿意考虑这样一个事实：她对孩子们的爱可能并不像她以为的那样毫无条件。哲学的意义就是要解决这个问题。最终玛丽克做到了，即使这个过程相当痛苦。在对话结束后，针对别人的问题，玛丽克沉默了片刻，叹了口气，痛苦地说道："说实话，如果真有那么一天，我想我做不到像今天这样坚定。我不得不承认父母对子女的爱或许真的不是无条件的。"

问问自己

· 你在什么时候会做出防御性的反应？

· 你是否对推翻自己的观点的可能性持开放态度？还是你讨厌有人挑战你的权威？

· 回想一个让你感到不舒服的问题，当时你想要回避什么，又想捍卫和保护什么？

· 你是否曾经问过一个让人防备、不舒服或生气的问题？你认为对方想保护的信念是什么？

原因5　时间不足：提出问题需要花时间准备

针对"是什么阻止了你的提问"这个问题，约瑟芬·哈姆森回答说:"我有时不问问题是因为我知道人们经常认为自己很忙,这让他们没有耐心在被提问后进行良好的对话和深入思考。这是一个以自己的观点做出简短、快速反应的时代,而提问需要人们具备截然相反的品质。当你自顾自地提出一个好问题时,就会被其他人戏谑地贴上'与时代脱节'的标签。现在的人们很难有机会静下心来,即使能获得喘息的时间,他们也不愿把它当作一个能深入思考问题的机会。"

我完全认同约瑟芬的话,我们不再有时间也不再花时间进行深入思考,只想尽可能快地展开工作。我们不愿意耗费精力去真正了解事物的本质或对不解之处提出疑问。在这个快节奏的时代,我们已经忙得焦头烂额,无法将心力倾注在"不重要"的事情上。我们常常认为,进行优质的对话是耗费时间的,而事实上,它恰恰可以节省时间。如果我们愿意花更多的时间一起做研究,提出更多的问题,共同思考究竟什么才是重要的,那么许多误解和失败会避免发生,许多破碎的关系将会被挽救。

有时,如果一家公司的营业额骤然减少,管理者会立即发起一场融资活动以争取更多的资金。然而真正的问题可能根本就没有被发现。在提出解决方案之前,首先要做的是静下心来思考。

公司业绩下降很可能是因为企业文化过时、产品过期,或是其他原因。无论如何,你首先需要清楚问题到底是什么，然后才能开始想解决方案。这正是实践哲学家阿丽亚娜的组织想要引导人们进行实践哲学思考的目的。她试图通过系统的提问，例如使用苏格拉底的方法，让人们发现问题的核心。

在苏格拉底式的对话中，你会试图赋予一个故事逻辑与意义，在人们的观点自相矛盾或相互矛盾时找出造成混沌的症结和隐藏的假设，并引导人们进行讨论。实践哲学让你有机会以不同的角度看问题，从而做出理性而慎重的决定。根据我的经验，人们最终会因为进行这样的深度对话而感到欢愉，因为它能够拓宽参与者思维的空间。然而想要做到这点并不容易，你需要长期对探讨事物的本质保持充分的好奇心。

想要进行能够深入思考的对话，除了得花时间，还需要遵守纪律。事实上，人们在很多情况下无法提出好问题的原因之一，就是不遵守对话的规则，但我们把一切都归咎于忙碌。这种想法并非全然没有道理，只是我们忽略了缺乏规范性带来的不良影响。

只要肯花时间，你就能提出截然不同的问题

不久前，我和两位同事一起，与一家医疗机构的主管们进行了一次哲学对话。他们想从哲学的角度探索新的核心价值——勇气、奇迹和信任。由于他们不满足于单一的对话交

流，还想体验一些新颖的形式，于是我们为每种核心价值都设置了一个体验式练习。这样一来，我们就可以立刻获得充分的材料来进行苏格拉底式对话。

  练习内容如下：每个人都需要简短地写下过去几周中的一件烦心事或令自己印象深刻的事。随后我将人们分成A、B两组，A组的人需要讲述他们的烦恼，B组则被强制要求保持一分钟的沉默来听完A组的故事。一分钟后，B组的人被允许向A组的人提一个问题。然而，这个问题无须得到回答，毕竟这个活动本身只是为了让人们体验在安静地听旁人诉说时自己准备一个问题的过程。在起初的沉默中，人们总是略显尴尬，甚至会不自在地笑出声来。而在几秒钟后，这种傻笑就会转变为专注。练习结束后，大家相互分享了自己的经历，参与者无一例外地表示，在那一分钟结束时，他们确实提出了一个与最初所想不同的问题。他们最后提出的问题普遍比最开始想问的更加深刻。一位参与者说："那些最先出现在脑海中的问题其实无趣极了。事实上，它们很有方向性，甚至可以说是以自我为中心。在沉默一分钟后，我提出的问题才真正跟对方的故事有关。"

  虽然我们常常认为提出好的问题需要花费很多精力，但耗费精力孕育一个好的问题可以节省你的时间。问题的质量——也就是答案的质量——会随着你对它的关注度的增加而提高。个中道理，正如一句古话所说，欲速则不达。

问问自己

·你是否也下意识地认为提问需要耗费很多时间？

·你有时候是不是太急于求成了？

·你是否曾经在没有充分质疑的情况下就迅速满足于一个解决方案？

原因6　缺少能力：没有人教过我们怎样提出好问题

小时候的我是一个典型的"问题少年"，像一只不知疲倦的小蜜蜂，满脑子的问号让父母相当头痛。

"妈妈，热气球为什么可以在天上飞？"

"因为人们想要从上空观察世界。"

"那为什么人们想要俯视这个世界呢？"

"我想，那是因为从上往下看的时候风景很漂亮。"

"我们人类有一天也可以像热气球一样飘起来吗？"

"我们不行，人类和热气球可不一样。"

"为什么热气球能飘起来，人却飘不起来呢？"

"嗯……我说不行就是不行。"

我很少满足于自己得到的第一个答案，总是希望发现问题背后的问题，以及别人已经给出的答案背后的答案。我的父母对此感到非常头疼，当他们对我感到不耐烦时就会回答我："我说是就是。"然而，这种敷衍的态度无疑会让孩子丧失好奇心。同时，这样的答复也是在暗示孩子，提问有时并不是那么受欢迎，甚至会让人感到不耐烦。我非常清楚地知道，家长们需要足够的耐心和充分的时间去回应孩子们的求知欲，以培养并塑造他们的人格。虽然这听起来是个相当大的工程，但的确值得一试。我们需要放慢脚步，引导孩子自己提出问题，让他们掌握思考和想象的能力。

灵活的思维、好奇的态度、从多个角度观察问题是孩子与生俱来的能力，但在如今的教育系统中，这种能力正在迅速下降。从小学到大学，再到进入社会，尽管年轻人有时会进行一些创新性的尝试，但提出问题和采取哲学且探究的态度始终没能成为人们的习惯。更不幸的是，尽管"思考与提问"是孩子最需要掌握的技能之一，但任何小学教育都没能为此专门开设一门课程进行系统教学。

无法提出好问题，一方面是因为我们固有的教学传统，而另一方面，学习任务、考试制度，甚至是父母的影响，都会在潜移默化中消磨孩子与生俱来的能力。当前我们生活在一个注重知识而非创造力或思维能力的社会，家长们和考试制度一样，最希望看到的是孩子优秀的考试成绩。

就我自己来说，我读二年级的女儿在绘画方面非常有天赋，然而她对数学一窍不通。由于家长和社会的更高要求，"业余爱好"渐渐变得不那么受欢迎，而恰恰是这种发自天赋且出于好奇的爱好才能培养儿童的创造力和质疑精神。

我曾在一所小学举办过创意和批判性思维的培训课程。在培训中，我为老师们设立了一个任务：为他们的学生设计一个增强创造力的活动。其目的是让学生就一个主题完全拥有自己思考和选择的机会。一位八年级的老师说："在我的课堂上，'胜负'一直都被看得很重。这种风气让孩子们即使是在课间也没办法尽情在操场上玩耍。我想让他们意识到，输赢并不重要，更重要的是在一起开心地学习。我可以在创意课堂上教会他们这个道理吗？"

当我们追求哲学或艺术时，即使是教师自己，也倾向于指导和控制结果是什么。他们不愿意放手让孩子自己享有解决问题的主导权，相反，老师们更倾向于表达自己的想法。当然，孩子们也同样不精于此道，所以经常问出这样的问题："老师，你能不能马上告诉我们正确答案？"

我们的教育方式会对孩子的独立思考能力、好奇心，以及勇于提问的能力产生很大的影响，然而，今天的教育正在遏制这些能力的发展。

从教育体系中，我们可以看出当下的社会缺乏对探究能力、开放精神与好奇态度的培养。人们放任理论知识停留在表面，而不使之与实践相结合，这样的教学方式也难以培养学生探究性的学习态度。

问问自己

· 回想一下你的成长过程和学生时代，你是否无意识地学到了一些关于提问的知识？你的好奇心是否受到过外界的重视和鼓励？

在这一章中，我们主要就一个问题进行了研究：为什么我们这么不善于提出好的问题？

了解无法提出问题的原因，可以帮助你从不同的角度看待事物。当你知道自己被恐惧或自私束缚时，认识和改变自己就会变得更加简单；当你意识到相比发表自己的意见，提出一个问题更好时，下次再遇到同样的情况你就会格外注意；当你知道提问不是浪费时间而是节省时间时，你就更有可能选择静下心来思考问题的核心……

但只了解这些，还不足以让我们走出提问的困境。既然现在你已经知道自己为什么无法提出好问题，就可以通过阅读下一章来提高自己提问的能力，让自己在这方面做得更好。在第二章中，我会带你了解提问的核心知识——苏格拉底式态度。究竟如何培养自己的好奇心？苏格拉底式态度包括哪些内容？我们应该如何掌握？你会在第二章中找到这些问题的答案。

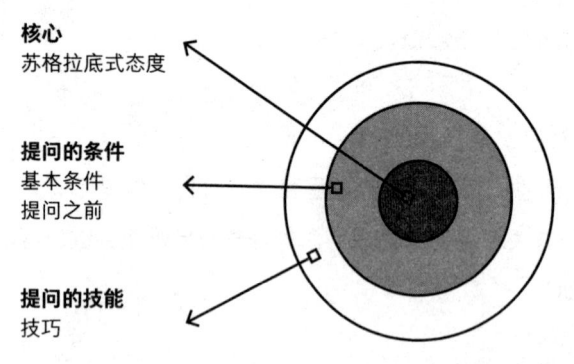

核心
苏格拉底式态度

提问的条件
基本条件
提问之前

提问的技能
技巧

  前面的图说明了我是如何对待提问的艺术的，其核心是苏格拉底式态度，这也是我们学习提问技巧的基础。在核心健全且掌握了苏格拉底式提问方法的前提下，你就可以使自己满足提问的条件后进行实践。如果你的苏格拉底式态度是正确的，条件是合适的，你就可以在提问的实用技巧上下功夫。然而在很多情况下，我们只考虑这个结构的最外层，也就是提问本身的技巧，而没有考虑到提出问题的态度是否恰当、条件是否到位。

第2章

提问的核心：苏格拉底式态度

智慧就像一棵猴面包树，
一个人无法环抱它。

——加纳谚语

"超级英雄"苏格拉底

我的内心深处一直住着一个披着蝙蝠侠斗篷的迷你苏格拉底，他有时想拯救世界，有时会充满热血，偶尔也会顽皮地把瓶盖放在鼻子上。

事实上，每个人心里都住着一个小小的苏格拉底。有时他会在人们的心底沉睡，无意识地抠鼻子，看唐老鸭动画片，玩游戏或啃黄瓜，但所有未被唤醒的苏格拉底都有能力做他们应该做的事：保持好奇、正视未知、面对挑战，以及勇于质疑。如果你能设法唤醒自己心中的苏格拉底，就如同掌握了"神兵利器"，你的谈话将变得更加有趣，甚至观察周围的人也可以成为一种比看许多网飞剧集更令你愉快的活动。

从苏格拉底和其他实践哲学家如爱比克泰德和斯多亚主义者那里，我们可以学到如何通过提问增加对话的深度。他们的思想教会我们如何进行反思、如何防止对话中出现彼此意见并列的局面。唤醒内心的苏格拉底，可以让你与别人的对话变得更加丰富、深入，并且更具有哲学意味。

实践出真知，你必须对想要掌握的东西进行大量、定期的练习。学习苏格拉底式态度和进行深度对话也是如此。

这一章将全面讲解苏格拉底式态度，帮助你了解它、培养它，并提供实用的练习和学习方法。

苏格拉底哲学：实践哲学

苏格拉底出生于约2500年前的雅典，他的父亲是一名石匠，母亲是一位助产士。在短暂地子承父业后，苏格拉底开始投身于教育工作。他将自己置身于繁华的市集——整座城市的政治、文化中心，与遇见的所有人倾身交谈。无论是行政人员、商人、政治家、艺术家还是学生，苏格拉底都会与他们讨论工作、生活中的基本问题。他通过提问的方式让人们对自己的决定做出解释，反思自己的行为是否合理，明确说出是出于什么样的考虑和推理才产生这样的观点。这使他获得了许多崇拜者以及"雅典号角"的称号，但并非所有人都被他精辟的提问吸引。

苏格拉底认为，唯一能让人获得真正快乐的方式就是获得发掘真相的能力。人们总是期望自己可以驾轻就熟地做好所有事：作为一名父亲，怎样才能养育好自己的孩子？作为一名城市的执政官，如何才能做出利国利民的选择？作为一名医生，怎样才能肩负起拯救病人生命的责任？……苏格拉底是一位提出问题的大师。他会耐心地对对话者的陈述做出反应，并试图指出主要矛盾与不符合逻辑之处。他不会直接向对话者传授自己的知识，而是通过一再的追问，使对方自己发现问题的本源。苏格拉底的座右铭是"我知道我不知道"，这句著名的话使他很快被德尔斐神谕赐予"最聪明的人"的称号。德尔斐神谕是古希腊德尔斐祭祀遗址（阿波罗神庙）的三句石刻铭文。每年都会有成百上千的朝圣者不远万里前往德尔斐，并希望从神谕中获取解决生活困境的重要决定的合理建议。人们相信，作为光之神的阿波罗能够穿透世界的每一个角落，看到人类无法洞悉的真相。

苏格拉底从未放弃求知，他会要求自称"知道问题答案的人"，例如法官，为他讲解他们认同的真相。毕竟法官的天职就是判断善恶，所以他们一定会对所谓的正义有全面的看法。而苏格拉底会在法官讲解时试图指出其观点的矛盾之处。在苏格拉底的问题中，法官会逐渐对"正义"的概念产生怀疑，甚至推翻自己曾经的定义，包括它是不是一种美德、是否与虔诚有关、自己是否是一个具备正义感的人，等等。就是通过这种方式，苏格拉底引导他的交谈对象进行深度思考并探索真正的智慧。

苏格拉底采用了一种非常实用的哲学形式：将抽象概念放到具体情境中进行对话。在他看来，哲学并不是一门只属于精英的学科，它必须具备实用性。他的目标是引导人们共同对观点进行研究、共同学习并探索智慧。在这个过程中，实践研究始终处于核心地位。苏格拉底认为，对任何概念、观点的纯理论假设都是毫无意义的，它无法产生真正的知识。为了避免纸上谈兵，苏格拉底选择进行行为分析，他试图通过对行为、思维的质疑，找出事物发展的规律。

苏格拉底认为知识只能从实践中获得，单纯模仿他人的行为则没有价值。因此，终其一生，他没有留下任何著作。按照他的说法，著书只能产生流于表面的"书本智慧"，唯一能实现知识流通的方式是与他人进行深入交谈。苏格拉底始终致力于帮助他的学生创造不朽的灵魂并掌握真正的知识，他将"精神助产术"作为获得知识的方法。他将自己的工作——从别人身上挖掘知识——比作人类的"新生"。

根据柏拉图《美诺篇》中的记载，苏格拉底曾说：

> 我并不确定我的所知、所感是否真的正确，但我相信，人们在反思和审视自己的过程中会不断接近真理。人们会通过求知变得更好、更勇敢、更坚毅——这就是我一直为之奋斗的目标，我愿为它奉献文字、心血，以及我的

一切。

苏格拉底真的做到了最后一点：他因传播真理而受到指控，被判处服毒自尽。在他70岁那一年，官方指控他腐蚀青年人的灵魂。事实上，由于经常进行质疑，他一生中从未缺少敌视者和对立者。许多人认为他鼓励年轻人质疑固有规则的做法是对神明的亵渎和对宗教与法律的破坏，并将他称为"诡辩家"。另一部分人则反对他对待民主制的质疑态度。

柏拉图在《苏格拉底的申辩》一书中详细记录了审判苏格拉底的过程。当时，苏格拉底面对由500名雅典人组成的陪审团为自己辩护。他泰然自若地解释了自己的骂名从何而来，顺便嘲笑了那些愚蠢的指控者。最后，陪审团有360票赞成判处苏格拉底服毒自尽。

我们只能从柏拉图的描述中窥见苏格拉底的经历，却永远无法知晓他的人生中真正发生了什么。

然而可以明确的是，苏格拉底进行对话的方式直接促成了我们今天称为"苏格拉底式谈话法"的方法的产生。

当你想在对话中获得更多的惊喜、思考和深度时，你应当培养苏格拉底式态度。

什么是苏格拉底式态度？

苏格拉底说："只有了解自己，直面自己的无知，才有机会获得真正的知识。"

在上一章中,我们已经知道自己最大的问题就是认为观点的价值胜于问题的价值。我们总是自以为了解事情的全貌,然后贸然做出假设、给出意见。因此,提出更好问题的关键就在于这个假设:你认为自己知道的即为真相。

而质疑正是苏格拉底的态度——一种无知、好奇的态度。即使是我们认为理所当然、显而易见的事情,他也不吝提出自己的疑问。这正是我们缺少的态度,我们既认定自己所认同的真相,又没有勇气进行质疑。

例如,在工作和生活中,我们时常进行团队合作,却很少听到有人提出这样的基础性问题:合作到底是什么?事实上,即使你提出的问题在别人看来如此简单、显而易见,它也同样能够加强参与者之间的联系、加深你们的对话。毕竟,市场部的扬、管理部的彼得和人力资源部的卡特对合作的看法有很大不同。你可以在词典里找到"合作"的权威定义,但如果你想更好地与他人合作,就不能只停留在书本上。毕竟我们还会产生进一步的疑问:什么是协商?我们该如何看待协商?协商应该在何时、何地与何人进行?在进行协商时,对方会产生什么反应?

儿童天生就有质疑、无畏的态度。他们不断对新鲜事物产生好奇,并为此不遗余力地进行探索,提出精彩的问题。这是因为他们清楚地了解自己的无知。你也可以对一切事物和人采取质疑的态度,包括对你自己。

那么,该如何培养苏格拉底式态度呢?当然,你不可能一夜之间就拥有质疑的态度,就像你无法因为只去一次健身房就减掉肚子上的"游泳圈"。你必须经过长时间的发展、训练,并保持对逻辑的敏锐嗅觉。换句话说,这是训练思考能力的过程,而说到底,培养思考的能力和培养苏格拉底式态度并无不同。

苏格拉底式态度的配方:
· 以好奇心为基础。
· 一茶匙无畏和求知。
· 一茶匙天真无邪。
· 一撮深入探究的想法。
· 一剂耐心。
· 加上你容易忽视的对事物性质的客观定义。
· 随后耐心地等待。
· 放空思绪,擦亮双眼。
· 最后再赋予自己大量的同理心。

培养质疑的习惯是培养苏格拉底式态度的第一步。你需要意识到自己的思维方式是怎样的:你在想什么,你为什么这么想。只有这样,你才能引导、纠正自己。你要知道,做什么和怎么做其实是两件完全不同的事。你需要学会从自身出发,发掘你的思维模式:你有什么样的价值观?这种价值观是自然形成的吗？你是否认同这种价值观？你的思维是敏捷还是迟钝？在判断问题时，你根据联想还是逻辑？

苏格拉底告诉你：认识你自己。只有当你知道自己在想什么、为什么这样想的时候，你才能有意识地理清自己的思绪，为其他事物腾出空间。

你需要多观察自己的想法，一个人越是了解自己的思维，就越容易认识到自己的局限性并打破固有的思维模式。在做出判断之前，你首先要理清思维的逻辑。然而，就算你在心里评判他人或自己，或者你在对话中不断走神，又或是一心想着自己的故事、自己想要表达的观点，那也没什么大不了。只要注意到自己陷入了以自我为中心的泥沼，你就可以有意识地将注意力带回与对方的对话中。

观察自己的思维

你可以在任何情况下观察自己的思维，无须打扰与你对话的人。听广播、看电视采访抑或观察陌生人的对话，都可以训练观察自身思维的能力。

你需要非常清醒地认识到自己在想什么、你的脑海中产生了什么想法、你做出了怎样的判断、这些判断的依据是什么、你的注意力集中在哪里、你的观点是否与对话参与者的观点冲突。

在观察其他人对话的过程中，你的思绪或许会飘远，你或许会想，我也有类似的毛病，但我会采用和参与者不同的方式来处理这件事。又或许你会对他人轻易得出结论的做法感到担忧。你无须评价自己的思维，只需记住，观察自己的思维能给你提供关于认识自己的信息。

当你意识到自己的思维时，你就可以逐渐开始引导它。如果注意到自己在对话中分心了，你就可以将注意力引回到对话者身上。另外，你也可以选择暂时忽略自己的思维，放空大脑，认真倾听他人的想法。如果你因为某事而愤怒，请及时复盘，重新审视这种判断是基于什么价值观——做到这一点并不容易，你需要通过大量训练去集中你的思想，但这是提出好问题的重要前提。

苏格拉底式态度1　质疑

如果将质疑比喻成故事中的人物，那么她一定是个害羞的小姑娘，她会因周遭太多的胡言乱语而退缩，在众目睽睽下缄口不言。她也许会有点敏感，只要感受到来自其他人的评判或周围的环境带有轻微威胁性，就会立刻提起裙摆逃跑。她明知自己需要什么，却不敢询问和索求。只有当对话环境令她感到足够舒适时，她才会质疑。在气氛紧张时，她会小心翼翼地缩在角落里，观察情况的变化。

我们的英雄苏格拉底曾说："智慧始于质疑。"质疑态度的一个关键组成部分就是质疑本身。这一概念并不容易界定。在英文词典中，"质疑"是"惊讶"的同义词。而在我看来，这两者有细微的差别。当一件你从未想过的事发生时，你会感到惊讶，比如当你看到经常迟到的同事提前十分钟到达办公室时。而质疑更加微妙，质疑是一种选择。我们可以跳出事物，主观选择是否质疑。这种选择在于事物本身的情况以及我们是否将其视为理所当然的事情。比如，我们知道地球不是唯一的行星，其他行星也和地球一样围绕太阳旋转。我们可以通过学习了解这个知识点，也可以选择质疑它。

通常，我们会迅速为事物贴标签或下定义，但是，我们也可以选择用怀疑的眼光看待周遭的一切。在与母亲、朋友或爱人接触的过程中，当我们以质疑的态度来看待对方一时的烦躁（为什么她会立即做出如此情绪化的反应，她就不能平静地说话吗）时，我们就能为自己的思维留出更多空间。与其在自己的判断中陷入困境，不如想一想这些问题：是什么理由让她做出这种反应？她的观点基于怎样的假设，而我接下来该如何应对？我自己不由自主地在对话中做了什么假设？

质疑的目的，就是不流于表面，挖掘事物的本质。

在质疑的态度中，你可以驾驭自己的好奇心，控制它并培养它。然而，我们的生存环境中存在过多的"噪声"，每个人都因忙碌而缺少时间，导致根本没有质疑发生的条件。这意味着我们自己要有意识地为质疑留一个位置。当条件充足时，质疑能力就会茁壮成长，并牢牢植根于你的习惯中。

锻炼你的质疑能力

你可以寻找一个类似露台、海滩或咖啡馆的地方，观察你身边的人，注意他们的一举一动、做事的细节和彼此间的互动。你尽量不要为他们贴上任何标签，只是安静地观察并时刻保持好奇心。

当注意到自己的内心中涌现不满的情绪时——"这件外套可真丑"或"她指手画脚的样子太荒谬了"，你可以尝试控制自己的情绪，问问自己："你为什么会对那件外套产生这样的看法？它有什么特点？这个女孩居高临下的态度对她的对话者产生了怎样的影响？这种姿态可能说明她的性格有什么问题？"如果你对一件事凝视更久、进行更多思考、注意更多细节，也许会有很多意想不到的收获。

如果你已经形成随意为事物下定义的习惯，情况就会变得更加棘手。你不应该再任由自己随意对外界进行观察，而是应该选择一些对你有触动的人和事。

你的朋友圈里一定有一些和你有"亲密关系"的人。你们会以特定的方式回应对方，甚至在真正与对方交谈之前，你可能已经在想："只要皮特来找我聊天，肯定没有正经事。"下次和皮特聊天时，你可以试着保持好奇心，而不是想"又来了，这个家伙只是插科打诨罢了"。沉下心来想想：皮特为什么要这样说？他现在有什么感受？他的行为能给他带来什么？诸如此类的问题都是非常有价值的。在尝试这样做之前，你需要记住一个关键点：必须真的对对方的故事感到疑惑并认真对待这些问题。如果你只是把质疑当成一种例行公事，那么完全是在做无用功。

苏格拉底式态度2　保持好奇心和求知欲

想要建立优质对话，首先需要做到一点：对对方表达的内容、想法感兴趣。通过之前的内容我们已经认识到：通常，人们更关注自己以及与自己相关的事。

我曾经向一位同事表达我对某门课程的教师授课方式的看法。我甚至用图表详细展示了那门课的分组方法以及小组练习。但是，对话开始没一会儿，我的同事就形成了自己的判断。他说："我完全不理解为什么那个老师要这样做！这样对待教学太不负责任了！"

自从他说了这句话，这场对话的主导者完全被调换，我开始不断为自己辩护并试图说服对方，而不是表达我的观点。"我明白你的意思，虽然看起来的确是这样，但他的课反响很好……"

当结束这场对话开车回家时,我猛然意识到发生了什么:我们俩都没能推迟下判断。在没有充分了解对方观点的情况下,我们就打断了对方,开始陈述自己的看法。我很清楚这场对话缺少什么:真正的好奇心,以及真诚的提问。我们都在追求自己的目标:我想让我的同事相信这位老师及其教学方法有价值,我的同事想让我认同他关于这位老师的教学方法缺乏对学生的尊重的想法。我们两个人都不关心自己有没有正确地理解对方,只关注是否更好地表达了自己。

我相信,如果我们中的任何一个人真正做到对对方的观点感到好奇,我们的谈话就会更愉快。然而一旦陷入攻击与防御、判断和谴责的泥潭,我们就很难再找回理智,继续进行良性的对话。

我们应当通过训练自己将判断力转化为好奇心的能力来培养质疑的态度。想要做到这一点,我们需要真正对对方的思维和经历产生兴趣。你往往需要在稍纵即逝的瞬间完成这种情感转化。很多时候,你都抓不住这个机会。事后你常常会后悔:"如果我当时那样做就好了,或许,我应该就对方的话提出一个问题……"这种反思并非亡羊补牢,相反,它很有意义。当我再与这个同事对话的时候,就会不由自主地提高警惕,避免再次陷入争执和以自我为中心的泥潭。当然,我并不确定自己能在多大程度上做到这一点,但至少这是一种推动人进步的良性思维锻炼。

人不可能无所不知

　　从一定程度上说，保持好奇心代表承认自己无知。世上没有两个境遇完全一样的人，即使你也有一个唠叨的婆婆，你也讨厌迟到，你也害怕你的老板，但很有可能在探讨细节时，你会发现自己的想法、感受和你的对话伙伴截然不同。请记住，对方永远更了解他们自己的经历，而我们往往太急于证明自己"了解事情的全貌"。

　　我曾经给一群年轻的会计师上过一个关于谈话和提问技巧的培训课程。在课堂上，我要求他们两个人一组分享一件最近发生的令人激动的事，听故事的一方需要就对话内容对分享的一方提出一个问题。我站在巴特和杰尔这对组合旁边听了一会儿。

　　巴特乘飞机度了一次假，他说："我们原定下午两点启程。大家都按时登上飞机，机组人员也清点完行李，准备出发。然而飞机没有按时起飞，甚至我们都没有听到发动机发动的声音，我们在狭窄的座位上呆坐了近一个小时。"

　　杰尔听完点了点头，叹了口气，说："是啊，航班晚点的确很令人恼火。"随后他想了半天也没有想出要问些什么。我问他为什么没有问题可问。

　　"这个故事再清楚不过了，我没什么好问的。"

"你对巴特经历的所有事都了如指掌吗?"我问。

"是啊,答案显而易见,他只能枯坐到飞机起飞。"

"那你知道他为什么会感到枯燥吗?"

"嗯……这没什么好解释的,他只能坐着干等啊,这不就是浪费时间嘛。"

"你觉得等待飞机起飞花了很长时间,而浪费时间相当恼人,可是巴特不一定这样想,也许他有截然不同的观点。其实你并不真正了解他的想法。"

当杰尔询问巴特为什么在等待飞机起飞的过程中感到恼火时,巴特回答说:"我们不得不花将近一个小时蜷在座位上,坐得我腰酸腿疼。既然要推迟起飞,就应该让我们在候机厅那种宽敞的地方等待。"

尽管这个例子很平常,但它非常准确地表现出对话中经常发生的情况:你认为自己已经充分理解对方的想法,然而真相并非如此。你可能只是凭借自己的经历获得了一些认知,没有想过事情有可能朝着你认知之外的方向发展。带着这样的心理去倾听,你就会立即对对方和他们的故事失去兴趣。当你真正对对方的经历、想法、感觉、判断感到好奇时,你一定会收获意想不到的信息。

正如前面的例子,如果你能够跳出自己的思维世界,保持好奇心和想象力,并发自内心地向对方提问,你们的谈话就会更深入。当你不断意识到自己对对方的经历、想法其实一无所知，同时又对它们感到好奇时，深入的问题自然而然会产生。

锻炼好奇心：你是"傻瓜"，对方是"专家"

孩子具备好奇的天性，为什么成年人不具备呢？因为我们常常认为，在事情发生之前，我们就已经了解事情的全貌。因此，进行下面的练习是很有必要的。

你需要试试带着这样的想法与人交谈："我不知道这到底是怎么回事，而对方才是对此真正了解的人。"也就是说，你需要将对方视为所讨论的话题的专家，而不要觉得自己的想法、判断和意见有任何价值。你对这件事任何的想法、思考、见解都不重要，你只需要问问对方：他对此事有何看法？他到底经历了什么？他有更多的例子可以证明这一点吗？他会一直这样想吗？如果周遭的因素发生改变，事情的结果会不会有什么不同呢？那时的结果会是怎样？什么时候会产生这种结果？

如果经常这样做，你就会发现自己的问题永远问不完。如果你的问题问光了，那么这意味着你可能又进入了自以为是的误区。

苏格拉底式态度3　培养提问的勇气

提出问题需要很大的勇气。毕竟你事先不知道脑海中是否会有问题出现，以及你会以怎样的方式问出口。这种感觉会让人觉得失控。的确，你的问题可能会让对方感到兴奋，但它也可能会引发冲突，你并不知道对方是否愿意回答或者你的问题是否会让他们感到尴尬。

一个好的、令人振奋的问题往往能起到承上启下的作用。如果这个问题可以被你的对话者接受，而且对方也乐于回答，这就为一场美妙而真实的对话打下了基础。的确，我们不必非得走出自己的舒适圈，"冒天下之大不韪"地提问。然而，如果想要更好、更有意义、更真实地对话，就不得不承受一定的风险。当面对人性的脆弱和可能冒犯他人的不适感时仍能提出令人兴奋的问题，你就能真正像苏格拉底一样，为日常的对话赋予深刻的意义。你要相信自己的问题是迷人的、开放的，即便它有时引发冲突，但它同时也能够让人获益良多。

培养提问的勇气，直面冒犯他人的风险，是培养苏格拉底式态度的一部分。

勇于提出问题

莫妮卡·林德斯向我分享了她曾被邀请参加"新管理方

式"会议时的经历。在一个狭小、昏暗的房间里，汇报人通过幻灯片表达自己的观点，而她坐在人群中，完全摸不着头脑。屏幕上的图表和财务信息对她来讲非常陌生。这与新的管理方式有什么关系呢？她环顾四周，想看看自己是否能从其他参与者的脸上发现疑惑的神情。然而并没有。在听了不知所云的演讲十五分钟后，她终于鼓足勇气举起手，询问主持人自己是否走错了会议室。

林德斯告诉我："当时我的心紧张得怦怦直跳，这或许完全是我自己的问题。可能我真的蠢到无法把演讲内容和管理方式联系起来。"然而在听到她的问题后，汇报人开始紧张地在他的文件中摸索。过了一会儿，他很不情愿地承认自己拿错了讲义。突然，整个屋子里的人都开始吵闹起来："我就说嘛，这演讲太奇怪了。"

提出一个好的问题就像从高耸的悬崖上一跃而下却没有背降落伞一样。你完全不知道着陆时自己是会安全地软着陆还是摔成一摊烂泥。要想轻轻地、安全地着陆，你就需要明白，提出一个好问题并不仅仅是为自己，更是为谈话中的另一方。他们可以通过你提出的问题回顾自己的经历、加深思考，并从新的角度看问题。

练习：观察自己的犹豫不决

请你想一想这些问题：你想问谁问题？它是什么问题？

是什么让你犹豫不决？是对不适的恐惧还是你自己的不安全感？你是否百分之百确定自己的问题会出错？如果你真的问了，它可能会给你带来什么？

练习：摒弃不适感，无论如何都要提出问题

只管把那个让你为难、痛苦或兴奋的问题问出来吧！在谈话中，当你对一个故事或观点产生好奇，却对是否提问而犹豫不决时，我建议你，大胆地问吧！你决定问什么与对方是接受你的提问还是选择回避无关。

是否能得到对方的回复是下一阶段的事情，这取决于你的对话者。你要做的是下定决心，迈出走向深入对话的第一步。

你不必直接将整个问题丢出去，可以先就问题进行一些铺垫，比如："我想到一个问题，但我并不确定问它是否合适。"随后你只需要看对方如何回应。或者你可以说："我想问你一个关于这件事的问题。当然，你可以决定是否回答……"

苏格拉底式态度4　做出判断，但不把判断当回事

我们每天都会对各种事情进行判断，这是件好事。如果没有判断能力，你甚至无法决定面包上是要涂花生酱还是果

酱、你不知道哪所学校最适合你的孩子、是选择红色的外套还是蓝色的……人们整天都在判断，你需要具备一定的判断能力才能做出选择。

没有一个人可以脱离判断能力。在刚遇见一个人的第8秒，你就会开始判断自己是否喜欢这个人，和他共处一室是否会感到舒适。判断就像呼吸，是再普通不过又不可或缺的东西，一个人假装不会判断就如同鱼假装不会游泳。

判断使生活变得有趣、刺激、丰富、易于管理。不判断只会导致更多的痛苦，因为当你认为自己不应当判断时，就是把一个判断置于另一个判断之上，然后你会感到内疚和不快。所以，尽情判断吧！毕竟无论如何它都会发生。判断就像吃、喝、说话、笑、放屁一样，我们假装不判断，或觉得不应该判断，就是摒弃做人的本性，这对任何人来说都不是好事。

然而很多时候，我们经常会根据片面的信息迅速做出判断，从而得出错误的结论。而我们会对这种错误的结论过于重视，换句话说，我们对自己的判断过于认真。一旦判断某人是一个傲慢的浑蛋，我们就几乎不可能说服自己相信这不是真的。在心理学上，这被称为"认知偏见"——我们非常希望自己已经形成的判断得到验证，以至于陷入狭隘的境地，不由自主地忽略那些佐证相反观点的证据。

你经常能听到人们说："你不能妄加评判。"事实上，

"不能妄加评判"这句话本身就带有强烈的评判意味。人们通常会在被他人做出负面评价后如是反驳。我还没有听过有人在自己被他人做出"美丽""聪明""特别"等赞赏性评价后还要抱怨的例子。如果彼得说扬"最近很懒散",或许我们很快就会对彼得说:"不要非议别人,或许他最近出了什么事呢?"但如果彼得说:"我发现扬最近很活跃,做事很投入。"就会发生奇怪的事——你会发现没有人指责彼得乱说话。因此可以得出结论,我们遇到的问题不在于正面判断,而在于负面判断。

我们常常混淆"谴责"和"判断"的概念。谴责含有不认同、拒绝的意味,而判断是通过推理得出结论。这意味着如果你能理性、清楚地证明扬为什么懒散,例如:他不整理桌子,他的键盘上有咖啡渍,他约会不守时,他没能完成自己的工作,这就是判断。但如果你接着说:"懒散是应该受到谴责的。"那么你就在进行谴责了。然而事实上,我们经常同时进行判断和谴责这两件事。我们会说:"天哪,彼得可真邋遢!"我们的面部表情和语调出卖了我们对这种判断的真实看法。这样做相当于我们同时进行了判断和谴责两种行为。

培养苏格拉底式态度需要将这两者分开。你需要尽可能客观地判断一种情况,并通过关键问题质疑这一判断:事实真是如此吗?我们的所思、所感是否就是真相?

我们需要保持判断能力并学会为判断喝彩。谨慎地判断并为此负责也相当重要。你需要始终保持客观，理智地与你判断的主体保持一定距离。想做到这一点，你就得学会在做出判断并确立立场之前，确保自己不依附这个主观判断。先冷静地思考几分钟，再回过头来看看自己是否会对之前的判断有所改观。我们可以而且应该观察自己的判断，因为这样做可以使我们的思维变得灵活、敏捷。

我们经常劝自己对一件事不要妄加评判，但我怀疑是否有人能够做到。推迟做出无意识的行为和举动很难，甚至是不可能做到的。我认为解决办法在于形成自己的判断，意识到判断，并与它保持距离。这需要你记录自己的判断，随后将这种判断从对话中抽离，让它隐藏在对话中。要知道，抽离与推迟不同。抽离是你认识到判断已经形成，并将它记录下来，却不凭借它做任何事或采取任何行动，只是放任它产生。

苏格拉底式态度正是如此：意识到自己的判断，同时牢记事物总是有多面性。在具备判断能力的同时，敢于审视判断，站在结论的对立面去质疑判断。也就是说，把你的判断扔进垃圾桶里，再把它翻出来，掸掉灰尘，从另一个角度判断它，重新决定它是去是留。

塞翁失马，焉知非福

下面这则中国寓言可以教会我们对判断应该持有的态度。

在中国的一个小村庄里住着一个农民。他与儿子相依为命，除了木屋和一小片土地，他们唯一的财产就是一匹马。有了这匹马，他们就可以耕种土地，养家糊口。然而有一天，这匹马冲出了栅栏，跑了出去。

邻居们纷纷同情地说："太可怜了，你们以后的日子可怎么过啊？"而农夫只是笑了笑，平静地说："是好是坏谁又说得清呢？我只知道我的马跑了。"在接下来的日子里，农夫和他的儿子照旧在土地上辛勤地工作。

突然有一天，他们丢失的马自己回来了，还带回了七匹野马。

村民们又纷纷为他感到高兴："太走运了！你们现在有这么多马，它们值不少钱呢！"农夫仍然只是平静地笑着说："是好是坏谁又说得清呢？我只知道我的马回来了，而且带回了七匹马。"

农夫的儿子想要驯服其中一匹。他骑上马背，马却嘶鸣着挣扎起来，将他狠狠地掀翻在地。这一摔把他的双腿都摔断了。

当天晚上，村民们又对农民投去了怜悯的目光："太惨了，他还这么年轻就成了跛子，以后可怎么办啊？"农夫仍是平静地笑着说："是好是坏谁又说得清呢？我只知道我儿子的两条腿都断了。"

次日，军队传来消息，所有身体健康的成年男性都必须入伍为卒。而农夫的儿子由于双腿摔断免服兵役。对此，农夫仍只是平静地笑了笑……

在前面这则寓言中，村民的表现对我们来说再熟悉不过。大多时候我们都和他们一样，轻易地制定条条框框，对自己尚未了解的事情加以评判。究竟是好还是坏？你在有所得时是否也有所失？我们总是把事情"关进笼子里"，强制性地为它们套上枷锁，禁止它们产生自己预想之外的可能。

人们总是在没有获取足够信息的情况下，就立即对事物做出判断。我们应该像故事里的农夫一样，暂时搁置自己的判断，让它"冷却"一会儿。或许这个判断明天依然适用，或许事情已经朝相反的方向发展，又或许随着你获得更多信息，这个判断会变得更加丰满和成熟。毕竟，谁也说不清将来会发生什么。

如何更谨慎地判断？

谨慎地判断，说起来容易做起来难。当你遇到的是琐事，比如同事发表评论，老板问你一个问题，或是从一个朋友那里听到一个故事，往往你想都不想就会给它贴上一个标签。这些标签不仅是判断，还能体现出你的世界观、价值观。那么，如何才能避免过早地做出判断呢？

斯多亚学派哲学能够帮助你慢下来，减缓判断的速度。

斯多亚学派的名字不是来自传言中所说的"无悲无喜",而是来自柱廊——希腊语发音为"斯多亚"。在古希腊,在柱廊中进行哲学思考是很常见的事情。斯多亚学派哲学呼吁人们关注自己可控的事物,放下无法控制的执念,旨在让人们形成平和的心态。

爱比克泰德是斯多亚学派最重要的哲学家之一,他在自己的《手册》中记录了日常生活中我们可能面对的问题,包括判断。他建议我们单纯地做事件的旁观者,以第三方的视角只观察,不判断。

"假使有人洗澡洗得很快,不要说他洗不干净,只说他洗得很快。假使有人喝了很多酒,不要说他有酗酒的坏习惯,只说他喝得很多。如果你不确切地了解他的动机,你又怎么能判断他的行为很糟糕?有时真理是显而易见的,而另一些情况下你则需要思考一段时间才能得出结论。"爱比克泰德在其《手册》里如是说。

当代作家马西莫·匹格里奇在他的《哲学的指引》一书中将这些语言进行了升华:

> 从本质上讲,我们需要区分事实性陈述——当事物通过观察被证实,我们就可以对其表示赞同——和判断,一般情况下,我们应该避免判断,因为我们通常缺乏足够的信息。

练习：记录你的判断

一天中，你有无数个时刻可以训练自己对待判断更谨慎。你刚刚错过火车、你的同事冷嘲热讽、路人很粗鲁——这些都在让你想一想自己是否轻易为这些事贴上了标签。当这样的琐事发生时，你可以问问自己："我从中发现了什么？我该如何简明扼要地形容这种情况或是这个人呢？"

在这样的训练过程中，你将学会如何与自己的判断保持距离。

另外，你还可以将那些对自己判断的反省记录下来。例如：我当时不该认为这件事蠢透了、它其实没有这么糟糕、我本不应该这样想……

练习：训练从不同的角度进行思考的能力

如果你能清楚地意识到自己在做片面的判断，并能够及时为做出判断后的冲动行为踩下刹车，那么你就为下一步做好了准备：训练从不同的角度进行思考的能力。下一次，当你发现自己做出了判断，不妨这样做：

1.将你的判断写下来，弄清楚自己的立场、观点究竟是什么。

2.以文字形式将你当时所处的情况记录下来。

3.想出三个在同一情况下可能产生的不同判断。

4.为每个判断找一个论据。

5.想想其他判断是不是也和你的判断一样"有理有据"。这样做能让你摆脱思维的局限,形成更多视角。

例如:

1.判断:南达又开始抱怨了。

2.场景:南达站在咖啡机旁与约翰交谈。她说:"我最近忙死了,一点自己的时间都没有。我昨天加班到很晚,甚至都没能接孩子放学,这真的让我很恼火。"

3.在此情此景下可能会产生的其他判断:

南达向约翰倒苦水是因为对他足够信任。

南达压力很大,需要倾吐自己的焦虑。

南达就是个爱抱怨的人。

练习:像斯多亚主义者一样做客观的判断

你需要牢记爱比克泰德的话来训练自己的克制力:"始终与真相站在一边、记录自己的判断、寻找隐藏在判断后的事实并认识两者之间的区别。"

例如:

判断:哈姆本可以把上衣熨平。

事实:哈姆的上衣看起来没有熨烫过。

一个必要的步骤是质疑自己的判断。在这种情况下,你可以问问自己:"哈姆有资格熨烫谁的上衣?"答案只能是他自己的。那么接下来的问题就很明显了:"我有什么资格为哈姆决定他应该怎样熨烫他的上衣？"很可能你根本没资格管哈姆的事。

观察与解释的区别

几年前，我曾做过一段时间马术教练，同时也担任马场的驯马师。驯马是一种锻炼观察能力的有效方式，通过驯马，你可以看到自己的行为、信念和力量在动物身上的反映。马不会说话，却有优秀的肢体语言表达能力。曾经，我领着没有接触过马的人做观察训练。

我领着人们站在马厩前，向他们抛出了一个问题："你们觉得这匹马怎么样？"人们回答说："这匹马表现得既好奇又害怕，而且出现了抵触情绪，因为它看向了远方。""它饿了，因为它在啃草。"

我也请那些自己有马的人做过这个练习，由于认识自己的马更久，他们在答案中加入了其他描述："它现在显得很顽固，不过它一直就是这样。""它有点害羞，因为看到了陌生人。""它现在兴奋极了，你看，它的耳朵在转来转去。"

很少有人能够立即说出事实，即客观地观察并说出自己看到的东西。在第一次练习中，几乎没有人说出诸如"这匹马正在向左走""它正望向远方""它正在吃草"或"它向后动了动耳朵"这样的话。在我向他们解释观察和解释的区别后，他们往往会陷入沉默。我接着问他们："这是你客观看到的，还是你主观上对马儿行为的解释？"只有对事物进行更明确和细致的观察后，我们才有可能对它们进行更明确的解释。在此之前的解释实际上是一些假设：你并不确定马儿是否焦躁不安、受惊或愤怒。面对这种情况，你最多可以说"这种行为在我看来是不安的意思"。

不仅对马，即使对人，人们也很难做到客观地观察。解释就像广场上的鸽子，铺天盖地地从你耳边飞过。培养苏格拉底式态度，就意味着要训练你的眼睛和耳朵去客观地观察、倾听，而不要让你的大脑对你的所见所闻进行过多干预。

练习：用观察代替解释

试着去观察你不认识的人。你可以将自己置身于繁忙的露台或广场，这种地方非常适合长时间秘密地观察一个陌生人。你需要在观察后明确说出你看到的东西。

如果你看到两个人在吵架，你可以这样描述你的观察："女士挥起右手，嘴角下垂。对面的男士把头抬起来，叹了口气，喊道：'我说了算！'"

他们在争论，这是一个合乎逻辑的结论，或许也的确是事情的真相。可是你怎么肯定这个结论一定就是正确的？我们不能仅通过一个现象就判定被观察者是生气或单纯是胡搅蛮缠。

客观地观察有助于你拉开自己与判断的距离，长期进行这种训练可以提高你的判断能力。

苏格拉底式态度5　容忍（甚至拥抱）未知

　　培养苏格拉底式态度，意味着你要把自己一向深信不疑的东西当成全然未知的事物并进行质疑。或者说，你可以将自己放到一个陌生的环境中。一个人只有在未知的状态中，才有机会获得新的、真正的知识。不断反思和推翻你的已知世界，会不断让你有新发现。

　　另一位哲学家对怀疑的态度更加激进，他就是笛卡儿。他以名言"我思故我在"闻名于世。在不断寻找可以绝对确信的事物的过程中，他提出"普遍怀疑"的方法，即怀疑一切可怀疑的东西。笛卡儿认为，当怀疑到再也无可怀疑时，剩下的一切就都是可靠且真实的。

　　根据笛卡儿的观点，想要获得真正的知识，就要怀疑我们自以为了解的一切。笛卡儿的目标是获得真正的知识。因此他静下心来，开始了他的"普遍怀疑"。

　　笛卡儿一度认为，他能够确信自己正坐在一把椅子上，毕竟感官可以传达切实的信息。但即便"事实"看起来如此确凿，他仍对此产生怀疑。你能够证明坐在那张椅子上的感官不是你用来做梦的感官吗？梦境有时不也会栩栩如生吗？你的感官不也经常欺骗你吗？你有多少次认为自己听到了不存在的东西？笛卡儿认为，感官并不是可靠的信息来源。

他就这样坐在壁炉边的椅子上沉思，终于想到一件让他绝对不可能怀疑的事情：他确信自己在思考。他在思考中进行怀疑，并确信自己产生了怀疑。无论从哪个方面看，只要一个人认识到自己在思考，他就一定在思考。就这样，笛卡儿得出了一个著名的结论：我思故我在。

在培养质疑和苏格拉底式态度方面，我们可以从笛卡儿那里得到很好的启发。如果你非常仔细地观察，怀疑你所认为的确定的一切，你就会发现实际上几乎无法确定任何事。

练习：尽情怀疑吧！

想一想有没有什么你深信不疑的事。

哪种信念对你来说是绝对正确的？

把这个信念写下来，然后问自己一个问题：这是否是事实？如果你的回答是肯定的，那么请写下能够支撑这一信念的所有论据。你有什么证据能证明这个观点？（请注意，"事实如此"或"我就是这么认为的"并不是证据！）随后，你需要尽可能写下反驳性的观点："不，这不一定对，因为……"当有人反对你的立场时，你该怎么为自己辩护？对方说出怎样的观点才能把你说服？

如果上述练习进行顺利，那么现在你已经为自己的思考创造出更多的空间。你的信仰的根基是否有点松动？你对信奉的金科玉律是否产生了动摇？你是否会因为陷入自我怀疑而感到恐惧？

无为与无知

道家思想中有一个"无为"的概念。许多人把它与"无所作为"混为一谈，事实上并非如此。道家讲师雷努德·埃利弗德对此做出了解释："无为并不意味着什么都不做，无为是一种顺应自然和时势的艺术，它强调事物保持其天然的本性，自然地发展。"埃利弗德用"旁观者综合征"一词来解释无为和无所作为的区别。

想象一下，在城市的繁华地段，一位老人掉进了运河。这时，无所作为的人只是在一旁冷眼观看。这就是所谓的"旁观者综合征"——面对眼前发生的情况，没有人采取任何举措，每个人都在等待其他人的介入。当岸边的人都患上"旁观者综合征"时，掉进河里的老者很有可能溺死。

我们在生活中经常可以看到旁观者综合征的事例。我们希望减缓全球变暖的速度，却很少有人为应对气候变化做出努力；我们总是希望尽量减少内燃机的使用，但与此同时，我们依然没有停止驾驶燃油车。

现在我们回到"无为"这门艺术。推行"无为"的人实际是把顺应自然当成行为准则，当他们看到有人掉进水里，会做出与冷眼旁观的人完全不同的决定——他们会毫不犹豫地跳进水中，丝毫不顾及自己昂贵的鞋子或衣服，一心只想着尽力把掉进水里的人救上岸。

我们可以看到，推行"无为"的人做事毫不犹豫，他们在向对方伸出援助之手前完全没有考虑过自身的利益。这和那些无所作为的人有本质的区别。无为体现在自然而然地帮助他人，摒弃一切自我干扰、利己的意识和阻碍自己行动的因素。这是一种出于本能、自然的行为。这种行为之所以被称为"无为"，是因为人们在处事中自我意志处于静止的状态——或许它在保持观察，但绝对不主动干预人的行为。

在探究"怀疑"这一概念时，我们可以从"无为"中学到一些东西。我们可以通过它学习"无知"的艺术。虽然这听起来与怀疑好像没什么关系，但我认为，在培养质疑的态度时，无知比怀疑更能帮到你。

怀疑和无知相似，正如无为和无所作为乍看也极为类似。无知和怀疑的共同点在于，无论处于哪种情况下，你都无法确切知道任何事。但不同点在于，怀疑带来不确定性，而无知是一种更切实、有意识的体验。

无知离怀疑还有一段距离，从怀疑到无知，你需要后退一步。

在无知的状态下，你不知道自己想要什么，而当你怀疑时，你通常希望得到一个确切的结论。

无知是一种开放的状态，而怀疑围绕某个论点。

当你处于一种无知的状态，你可以松弛地看待这个世界，而怀疑会让你的大脑紧绷起来。

无知的人被动地站在原地，而怀疑的人主动寻求事情的真相。

无知的人视角更为广阔，怀疑的人视角则很狭隘。

无知的人富有耐心，而怀疑的人急于寻求答案。

无知从冷静和自信中产生，怀疑则来源于恐惧。

怀疑是为了有所作为，无知则是放任自流的状态。

无知为你提供了一个温暖的庇护所，但当怀疑产生时，这个温暖的庇护所就会消失。

假设你正在参加一个圆桌会议，与大家一起进行头脑风暴，并且会议需要最终形成统一意见。然而，这个会开得不合时宜，你还有很多事等着做，而这个会可能会花大把的时间。这种情况下，在进入讨论环节前，你们可以给彼此五分钟的"无知时间"，看看会发生什么。

或者你可以试想一下，一家人在共进晚餐时发生了争吵：女儿想去郊区参加聚会，而父母明确表示反对，就连哥哥也不想半夜去接妹妹回家。如果在所有人争论、愤怒，场面陷入混乱时，你暂时不动声色地进入"无知时间"，对家人的争执持完全开放的态度，结果会怎样？

也许每个人都应该给自己一点时间，将想法、思路简要地写在纸上，在脑海中权衡利弊。你可以用这段时间审视、确认自己采取的立场，或者为这种立场补充论据。如果所有尖锐的意见都在这五分钟里销声匿迹，你会有怎样的收获呢？

有人认为这五分钟对自己帮助很大，也有人觉得自己在这五分钟里获得了解脱。事实上，很多时候，当我发表完一个当时极为坚定的观点，事后都会有些动摇或者后悔，这五分钟的"无知时间"恰恰能把我从这种沮丧感中解救出来。

苏格拉底式态度6　暂时放下共情

当你想通过提出尖锐问题使自己或对方进入更深的思考时，共情对你没有什么帮助。要想提出好问题，你需要放下共情。

在许多心理学培训课程中，缺乏共情几乎是一种"死罪"。

什么是共情？它有什么好处？共情一般指与另一个人产生共鸣的能力。可以说，共情就是设身处地为他人着想。

你可能会想：把自己放在对方的位置上有什么错呢？这难道不会让自己更好地理解对方吗？没错。很多人认为共情能力是人性的闪光点，这并不奇怪。但是，当你想与自己的一切主观想法保持距离，做出深思熟虑的选择，提出探究性的问题时，共情就会成为你最大的敌人。

耶鲁大学的心理学教授保罗·布卢姆针对这一话题专门写了一本书——《摆脱共情》。他发表在《波士顿评论》的一篇文章中写道：

> 在过去几年里，当有人问我正在做什么工作时，我一般会说正在写一本关于共情的书。随后人们通常会微笑着点头，我就会补充说："我反对共情。"随之而来的就是略显尴尬的笑声。一开始，人们这种反应让我感到很吃惊，但我渐渐意识到，反对共情就像告诉人们你讨厌小猫一样——这个比喻很奇怪——只能被当作一个笑话。

布卢姆解释说，他并不反对道德、慈悲、善良、爱、当个有公德心的好邻居、做善事或者让世界变得更美好。事实上，他支持这些品德和行为。

根据布卢姆的说法，从理论上说，共情是帮助别人和做善事的催化剂，但在现实生活中，我们更容易对自己所属的社会群体中的人产生更多的共情，也就是对那些看起来像我们的人、英俊的人、年轻人。因此，我们的共情有时会有失公允。

布卢姆的著作区分了认知共情和情绪共情。他认为，将自己的思想置于对方的处境是非常有必要的。他列举了一个医生告知病人手术风险的例子，医生需要评估自己所讲的信息会对病人产生什么影响。这是一个专业、理性的评估。但情绪共情是另一回事。医生是否也应该在情感上与病人共情呢？布卢姆认为，如果医生从情感上与患者共情，他可能会沮丧到无法进行手术。在保持一定距离的情况下，例如做道德判断时，情绪共情会让我们丧失做出正确判断的能力。良好的道德判断并非受益于共情，而是受益于理性思考。

试想一下，当你最好的朋友的爱人不幸离世，最好的共情表现是与朋友一起感受这种痛苦，尽可能表达出悲伤的情绪。然而这是否会让你和你的朋友从中获益还有待商榷。或许相比对方，这种共情能为你自己带来更多好处，你会觉得自己为他人提供了帮助和支持。但是，与他人的情感保持一定的距离很有必要，因为这种距离可以让你保持理性，确保自己不陷入情感的旋涡，更好地倾听、分析对方的经历。提出好的、探究性的、与对方息息相关并直击真相的问题，应该就更多、更具体的细节进行研究，也就是说，需要我们暂时放下共情。为了更好地了解对方的故事、更彻底地探寻对话的深度，请你暂时将共情关在"门"外。

苏格拉底将这种态度称为"零共情"。你需要暂时关上情感的水龙头，避免变得情绪化，并提出批判性问题。通过训练零共情的能力，你可以更好地控制自己的情感。当你在对话中与对方共情，为对方提供帮助，给对方提示并分享自己的经历，你就会不知不觉停止思考。在保持零共情时，你也为对方创造了表达的空间，这会让他们保持和加深自己的思考。很多时候为他人提供切实的帮助是很困难的，而零共情使你能够坚持不懈地提出问题。当你与他人的思想保持一定的距离，你会更容易一针见血地发现漏洞和问题，这给了你挑战对方的机会，也可以帮助他们进一步思考。当然，这与良好的、纯粹的倾听是相辅相成的，我们将在后文中详细讨论。

苏格拉底口中的"零共情"

苏格拉底非常善于暂时放下共情。在谈话中，他总是固执地要求对方向他提供清晰的假设、事实和论据。这会使对方变得焦躁不安，因为大多数人本希望得到诸如"我明白你的意思"或"天哪，这太不像话了"之类的回复来安抚自己的内心，却被苏格拉底那置身事外的态度激怒或感到尴尬。而两千多年后的我们依然依赖这样抚慰性的回应，排斥批判性的质疑。然而，苏格拉底式对话之所以能够进行，正是因为他没有做出与对方感同身受的反应。当他发现与自己对话的人正在进行真正的思考、使概念获得了更深层次的意义、使对话更深入或为新见解开拓更大的探讨空间时，苏格拉底才会发自内心地回应对方："哦，现在我理解了你的难处，这太不像话了，我由衷地为此感到难过。我们去喝一杯吧！"只有这样的做法，才不会让我们错过一场内容丰富的对话。

然而在日常生活中，我们往往会选择从情绪共情出发，为同伴提供良好的情感支持，但这样做的代价是牺牲宝贵的提问机会。有时，一个直击真相的问题比一个富有同情心的拥抱更能给人帮助。

读到这里，你是否也认同共情在一定程度上会给你带来损失这一观点？想想看，零共情可以为你带来什么好处？

训练零共情能力

你可以通过在对话时只提出问题的方式来训练自己的零共情能力。如果你能找到一个伙伴陪你做这个练习，并向对方说明你想练习的内容，那么训练的效果会更好。你可以请对方告诉你在过去几周发生了哪些让他们气愤的事情，比如有人抢先一步结账、被交警开了罚单，抑或是与婆婆发生了争执。

当对方讲述自己经历的时候，你需要做的就是仔细倾听。你不需要打断对方的话并显露情绪，也不要说出"这太糟了"或"哎呀，这可太丢人了"之类的言论。当对方发言结束后，你可以问一个有关对方经历的事实性问题。例如："当时还有谁在那里？""你们吵了多久？""当时你有什么感觉？""到底是什么让你这么生气？"

在对方回答时，你同样需要保持沉默，不要插嘴。当对方回答完后，你需要再抛出下一个问题，以此类推。这会让人感觉很别扭，因为你已经习惯与对方你一言我一语地交谈并对对方表示认同。但是，零共情就是需要你做出与之相反的反应。

《十二怒汉》是一部上映于1957年的电影。

影片中，一个来自贫民窟的少年被指控杀死了自己的亲生父亲。根据当时的法律，陪审团的意见将会决定该案最终的审判结果。陪审团的十二名成员（均为男性）被告知如果他们认定男孩"有罪"，这个男孩将被判处死刑，而他们十二人需要就"有罪"或"无罪"的判决达成一致。

影片中陪审团的成员们进行第一次投票的一幕很好地表现了群体讨论或决策的状态。这十二个陪审员每个人都有自己的性格、判断倾向和价值观。第一轮投票中，只有由亨利·方达扮演的8号陪审员投了"无罪"，这令其他陪审员感到疑惑。其中一位开玩笑说："没办法，凡事总会有一个特例……"

"怎么可能无罪？本案已经有目击证人，他亲眼看见这个男孩手里握着刀。事实如此，人肯定是他杀的。"有人这样说道。

"你不会真觉得他无罪吧？"另一个陪审员反问8号陪审员。

"我不知道。"8号陪审员说。

"你怎么能说你不知道？你刚才没和我们一起参与庭审吗？证据你都看过了。一切都确凿无疑。"

"十二个人里有十一个都确信他有罪，除了你。"其他人的话语中带了点讽刺的意味。

8号陪审员犹豫地说："好吧，其实我不知道自己是否确信他是无辜的，但我认为我们至少应该花更长的时间多了解这个案子。"

听完这话，陪审团中其他人的反应相当典型——多数派开始试图说服少数派。一个人甚至直接说："或许你可以把你的想法说给大家听听，然后我们就可以知道你忽略了什么。"

另一个人补充说："我认为我们的工作是向这位先生解释为什么我们是对的、他是错的。也许我们都可以花几分钟向他说明这一点。"

在一个团体中，正常的反应是尽可能快地消除少数派的想法。持不同意见的少数派会逐渐被多数派说服，相信这个团体中多数派的想法是正确的。

苏格拉底式态度从根本上与之相反：少数人的声音必须得到它们所需要的一切空间。因为这些可能正是我们还未发现的有趣观念、全新想法、其他选择或崭新的视角。我们往往太急于让别人闭嘴，而忽视了通过探究与自己不同的观点找到伟大的智慧的可能性。

在电影《十二怒汉》中，8号陪审员最终设法说服了其他的陪审员，使他们相信这个男孩是无辜的。通过再次审视所有的证据，越来越多的人的观点开始动摇甚至倾塌。最后，这个男孩被无罪释放。

训练苏格拉底式态度

当你遇到一个持不同意见的人、一个对你来说不那么熟悉的判断或者你单纯反对的事情，请试着抑制你的第一倾向——说服对方。相反，你可以坐下来，深入了解对方的想法。

这种反应可能带来的结果是什么呢？它不仅可以让你在对话中保持清醒的洞察力。在这个过程中，或许对方也会被你逼着去思考，这样你们两个都会变得更聪明。

有意识地训练苏格拉底式态度是一回事，然而当事情变得非常紧张时使用它就是另一回事了。

一位老师曾经给我讲述过他班上的学生丹尼的故事。当时，丹尼脱口而出："所有外国人都应该离开我的国家。"当然，有学生在课堂上说出这样的话是非常令人震惊的。如果你是这位老师，你的第一反应可能是愤怒，想要惩罚这个学生，你会认为他的思想需要纠正和调整。

这时你可能会说："你不应该这样说，事实上你连这种想法都不该有。"尽管这是可以理解的，但这种方式对你和对方都没有帮助。丹尼可能更加认定自己的观点正确，而不会去练习从不同角度看问题。

在苏格拉底的启发下，追求苏格拉底式态度，打开心扉，训练好奇的态度，并真诚地提出问题，会让你走得更远。另一个人的想法与你的想法截然不同，或许说明有一个新世界在等待你去发现。即使你完全不同意对方所说的话，也不必急于反驳或说服对方。你需要尝试将自己放在对方的立场上，不贸然做出任何判断。后面这一点很重要，因为在知道事情的全貌之前，你问出的问题可能会带有很多主观情绪，包括反感和厌恶。而这种问题对促进双方交流根本起不到作用。

一个更好的方式是，你可以问问丹尼："你到底是指哪些外国人？所有的，还是只是其中的一部分？""'必须离开你的国家'的标准是什么？是因为他们做了什么，还是仅仅因为他们是外国人？"……如果你能和丹尼交谈，让他觉得你真的想理解他的思维方式，而不是想立刻改变他，那么你可以更进一步，试着把他的思维延伸一下，邀请他探索自己的想法并证实它们。

当然，不反驳并不意味着赞同。我们有时仍然会犯这样的谬误：如果一个人不明确表示反对，那么他就在表示认同，因为我们都倾向于立即反驳与自己对立的观点，并驳斥对方。但从前文中可知，这并不是有效的手段。

苏格拉底式态度可以加深许多讨论，至少可以使我们的思维变得更灵活：你可以通过这种态度拓展自己的能力，不仅从自己的角度看问题，还可以用其他观点丰富你的思想。

苏格拉底式态度7　容忍对话者的愤怒

人们总是不希望自己的言论被质疑。用苏格拉底式态度进行对话意味着你可能不会像人们期望的那样做出反应。在对话中，你不参与对话者的讲述，不给他们提供建议，也不做出共情的反应，这样做有时会让对方感到愤怒，但这并不是一件坏事。当对方感到愤怒的时候，往往意味着你已经问出一个关键的问题或提出一个精彩的观点。

我还记得一次与母亲的对话，其中就包含了苏格拉底式态度给对方带来的愤怒。

当时，我正在墨西哥度假，没有让她知道我已经顺利抵达目的地。母亲对此相当不满："孩子放假了就应该给家长打电话！"当时我带着苏格拉底式态度，没有做出任何和对方感同身受的反应，只是好奇这种观点和规范是怎么来的。我问她"孩子们去度假时应该给父母打电话"是否是一条金科玉律，还进一步地问她是什么让她如此生气、她的观点背后的论据是什么、她为什么会这样认为，等等。我的平静显然把她惹怒了，因为在我的追问过后，她咆哮道："你就不能好好说话吗？"

我的回答当然还是一个问题，我询问她对"好好说话"的定义是什么。

"像个人一样，带着情感说话，不会吗？"

这样的经历教会我两件事：

1.人们认为包含情感的对话是"正常"的，而问题是事实是否如此，以及这些情绪是否有助于你的谈话。

2.如果有人期待或需要对方的共情，最终却没有得到，那么他就会产生失望和沮丧的情绪。因此，你可以先以共情的方式回应并表示理解，然后在必要时以苏格拉底方式提问。如果你不这样做，而是继续直白地提问，那么你就只能把对话者的愤怒视为理所当然，而不是针对你。

苏格拉底式对话的结构

你会看到越来越多的"苏格拉底式对话"在商业、艺术、文化领域以及日常生活中涌现，而了解苏格拉底式对话的结构有助于你提出尖锐的问题。

苏格拉底式对话是一种促进思考、探究性的对话，在这种对话中，参与者会思考他们的想法和想法形成的原因。苏格拉底式对话的目的是获得智慧。在苏格拉底式对话中，我们不需要试图说服他人或为自己的观点进行辩护，而需要对具体的情况以及对话中隐藏的假设和智慧进行探究。

它是一种通过对彼此的陈述进行无休止的质疑，从而使对方共同获得智慧的方式。在当下，苏格拉底式对话变得越来越流行，许多人会在休闲时间进行这种对话。它也出现在银行、护理中心、诊所、律师事务所，甚至监狱等各种场合。很多人还会在能让你随时加入的咖啡馆和公开讲座中进行苏格拉底式对话，这让更多人有机会体验这种对话方式带给人的积极影响。

苏格拉底式对话始于一个哲学问题

在苏格拉底式对话中，一个与所有参与者有关的哲学问题是讨论的焦点。你无法在互联网中查到这个问题的答案，只能通过思考和质疑来探索问题的答案，在这个过程中，你会与你的同伴一起变得更加睿智。你需要得出答案，之后质疑它并探索其他答案。如果你能在与他人的交谈中这样做，你的思维就会变得更加敏捷。你需要在小组讨论中清楚地表达自己的观点，通过仔细地倾听和提出好问题来进行自我锻炼。

典型的苏格拉底式对话的起始问题包含一个或多个小组想要探索的、大的抽象概念，比如：什么是正义？什么时候可以撒谎？什么情况下应该停止帮助他人？我们为什么要一起工作？医生可以为病人做什么决定？法官是否可以有自己的意见？什么情况下可以允许偷窃？这些都是有趣的、令人兴奋的问题，它们有让我们探索的空间，发现事物间的联系，也可以锻炼我们的思维。

除了一个占据中心位置的哲学问题，还需要根据参与者的真实案例进行苏格拉底式对话。一段具体的经历会在谈话中占据主导地位，它会让像"撒谎""正义"和"合作"这样抽象的概念获得具体意义。

事实上，我们经常设法抽象地谈论一些东西。如果我问一个人"怎样定义'撒谎'"，他往往会给出一个语意连贯而有逻辑性的定义。人们也可以很轻易地用一个有意义的、至少听起来令人满意的答案来回答"什么情况下应该停止帮助他人"。然而，当我们针对一个具体事例进行讨论时，情况就会变得相当不同。这时你就不能用常规性的定义来回答这个问题，而是必须给出一个明确的答复并对此做出解释：这是一个撒谎的案例吗？为什么是或为什么不是呢？这个案例对回答这个问题是否有帮助？当你针对一个切实的案例进行讨论时，谈话的重点就会变得明确。

我曾就"可以对朋友撒谎吗？"这个问题进行过一次苏格拉底式对话。我要求所有参与者记录自己最初的答案：是或不是，并给出论据。参与者立刻产生分歧，有些人认为朋友间有一些善意的谎言很正常，其他人则认为真正的友谊中不应该存在弄虚作假的成分。

其中一位参与者尹思哲带来了一个案例："我最好的朋友在爱情方面运气不佳。她交往过的男朋友要么无缘无故甩掉她，要么喜欢上她的朋友或她讨厌的人。就在几周前，她向我展示了她新男友的照片。她又一次坠入爱河。她说自己和新男友已经交往了几周。'你可以通过我了解他。'她补充说。她被他的细心、善良、有趣深深吸引，她高兴极了。然而当看到照片的那一刻，我惊呆了。我认出了那张脸，同时也想起他的名声不太好。他似乎有不少风流韵事，而且吃过官司，口碑很差。随后我的朋友春风满面地问我：'瞧瞧，你觉得他怎么样？'我无法当着她的面将真相说出口。于是我回答：'的确，我听过他的名字。我觉得他挺好的，最重要的是他能让你开心。'"

这是一个在朋友面前说谎的例子吗？这种做法在这种情况下合适吗？她们之间真的有友谊吗？为什么有或为什么没

有？组员们围绕这个真实事例展开了一系列讨论，并研究了与之相关的概念——谎言、真相、友谊、条件、忠诚、保护、关系，等等。通过潜心研究这一案例，参与者的立场对比变得更加明显。他们通过互动，深入了解对方，提出问题、发现细微的差异——这一切都是为了探索智慧。

最后，我让他们回顾自己最初对"可以对朋友撒谎吗"这一问题写下的答案。他们现在还会那样想吗？他们是否会改变自己观点中的某一部分？事实上，最后没有人坚持自己最初的答案。通过刚才的对话，原本抽象的概念有了新的含义，细微差别和联系变得更加清晰。

苏格拉底式对话的最终目的是对问题更多的可能性进行研究，而不是"过一段时间你就知道了"。在苏格拉底式对话中，你会不断质疑新的观点，运用新的联系来思考。而这就是哲学态度和技能"自发"发展的方式。

苏格拉底式对话不是从定义出发的

通常，在我组织苏格拉底式对话时都会有人说："你说得对，可我们必须定义我们所说的正义、勇气、忠诚、帮助是什么，不是吗？"

虽然提出这种观点情有可原——我们太急于从定义中得到立足点和控制权了，但在苏格拉底式对话中，这样做恰恰是没有意义的。

我们每天都在下定义，或是发表对某种情况的看法。我们会说"他当时不应该撒谎""迟到意味着你根本不尊重人"或者"奥尔加是个很好的员工"。当你对某件事采取某种立场的时候，你往往并不清楚自己的立场是基于什么，你不理解自己为什么认为某人不该撒谎、为什么认为迟到的人不尊重他人或者为什么奥尔加是个很好的员工。而进行苏格拉底式对话时通过提问和观察结论背后隐藏的细节，你会逐渐意识到自己是否有足够的论据来支撑自己的说法。

"奥尔加是个很棒的员工。"
"你为什么会这么说？"
"因为她从不迟到。"
"那么守时就能让人成为好员工吗？"
"是的，实际上是这样的。奥尔加很守时，因此她是个好员工。"

或许对有些人来说，"守时"是判断一个人是否是好员工的重要依据，但对另外一些人来说，依据可能完全不同。其他人认为奥尔加是个好员工，但可能是因为她待人友善、穿着得体、办公桌整洁或者因为她总是替大家拿咖啡。问题在于，当我们说"奥尔加是个好员工""我们合作得很好"或"约翰的做法真的很不公平"时，我们的出发点和依据是否一致。

每个人对每个定义的理解都不尽相同。当你开始将自己理解的定义应用于别人的案例时,你很有可能会落入"定义陷阱"。而在意识到这一点之前,你可能已经盲目地讨论了两个小时,你所做的不过是抽象地谈论了一个定义,这没有任何意义。又或许你会进入另一个极端:团队中有人对一个事物下了一个定义,起初大家都表示赞同,但在五分钟后人们不得不修改这个定义,因为它并不适用于实际情况。这就是为什么苏格拉底式对话的出发点不是定义。在苏格拉底式对话中,人们会通过应用概念来发现它们的意义,而不是通过围绕它们建立一般性定义。

在苏格拉底式对话中,参与者要争取达成共识

在培养提问态度时,你要牢记的最重要的一点就是争取与对方达成共识。很多时候,我们在讨论中想说服对方,因为我们不是在争取达成共识,而是希望对方同意我们的观点。争取达成共识并不意味着做出让步或者你满足于你们持有不同的意见,尊重彼此的看法。争取达成共识意味着继续寻求答案,不断寻找细微的差别。很多时候,当分歧变得明显时,对话就会停止。然后我们就会去争取大多数人的支持,或者说一些"我保留我的观点"或"我尊重你的看法"之类的话。

"我保留我的观点"或"我尊重你的看法"简直可以说是针对哲学对话的毒药。如果实践哲学是关于变得更聪明的方法论,是对真正的知识的探索,那么这种知识就会高于个人经验。"这是真理吗?"始终是共同探索智慧的核心。"我保留我的观点"不是一个关于真实情况的断言,不是一个我们可以探索和验证"这是真理吗?"的论据。这样的话对引出真理毫无作用,它只是描述了某人的个人感受。当某人说自己产生了一个主张或一种感觉,却没有一个论据能让其他人对这个主张或这种感觉进行检验、探索时,只有提出的人明白自己说的是什么。

"我觉得张三做得非常公正"或"我认为这个项目中的人没有进行有效率的合作"这样的说法是可以被质疑和调查的。你可以发现张三是如何行动的以及为什么这样做是公正的。你可以发现合作是如何发生的、它是否有效率,以及为什么有效率。感觉或意见属于私人,不应该把它们作为研究材料带入哲学对话中。毕竟,它们对你进行苏格拉底式对话没有任何用处。

在苏格拉底式对话中,争取达成共识不同于真正达成共识,成就并不那么重要,为之奋斗的过程更重要。人们应该真正从好奇心和无知的角度出发去探寻真理。

练习：不断寻求共识

你可以尝试与伙伴从一个你们都没有现成答案、都有兴趣探讨的问题出发进行对话。"能对朋友撒谎吗？"可能是一个很好的问题。举个例子，你可以询问对话者是否曾经对朋友撒谎，如果是，他是否认为这是被允许的？为什么在当时可以那样做？在任何时候都可以撒谎吗？你要抱着想要获得新见解的心态，而不是说服对方接受你的观点。你需要提前下定决心"暂时不讨论对错"，只纯粹地倾听对方的观点。你可以真诚地倾听对方的观点，并简短而清晰地阐述自己的观点。然后继续寻求共识：你们的观点在哪里一致？哪里有分歧？这些分歧是否可以弥合？

你需要认识到，你们不一定非要达成一个共识，努力争取才是最重要的。或许你也会意识到，在执着于达成共识时，你会渐渐从"寻求共识"向试图说服别人的方向倾斜。那时你们的对话将不再为了促进共同思考，而是捍卫各自的意见。

一旦这种情况发生，你就需要审视一下自己：是什么让你放弃寻求共识，开始为自己的观点辩护？这给你带来什么？下次应该如何避免这种情况？

反诘

苏格拉底式对话中的一个关键组成部分是反诘。我们总以为自己无所不知，但苏格拉底认为，在学到任何东西之前，我们必须首先抛弃自以为正确却并不真正了解的东西。他的出发点是，我们可以通过"无知"达到"已知"。在苏格拉底看来，一种无思想、无知并意识到自己无知的状态，对解决问题是很有必要的。

每个人都有大量的判断、信念、价值观、规范来支配自己的行动，但这些有时候只是从他人身上习得或者从父母、老师那里继承的。而其中势必包含盲点、无意识的假设和不正确的信念、矛盾。苏格拉底是第一个试图使这些矛盾明确可见的人，他致力于向他的对话者表明他们目前的思考是不充分的。在诘问中，人们常常会感到尴尬，因为他们意识到自己之前进行辩护的观点其实是胡言乱语。

据柏拉图的《苏格拉底之死》，在雅典人提起的诉讼中，苏格拉底自辩道：

德尔斐神谕说："没有人比我更有洞察力"。听到这句话我心想，这位神（阿波罗）到底是什么意思，他到底在指什么？因为我心知自己对任何事情都不甚了解。那么，当他说没有人像我一样富有洞察力时，他究竟想表达什么？他并没有撒谎，毕竟神是不被允许撒谎的。

在很长一段时间里，我都对他的旨意感到困惑，于是后来我终究不情愿地用以下方式让自己对这个问题进行调查。我去见了一位德高望重的人。我想，这样一来就能反驳神的说法，并向神证明那个人比我更具备洞察力。所以我对那个人进行了调查——在此无须提及他的名字，但我可以告诉你们他是一名政治家，我与他都有过从政经历。当我与他交谈时，我渐渐发现，虽然这个人被各种人评价为"睿智的圣贤"，他自己也这样说，可事实并非如此。然后我试图让他明白，他并不是他自以为的那种聪明人。这使得他像当时的所有人一样对我非常反感。

　　无论如何，我在离开时心想，这个人的见识确实比我少。我们两个似乎都不够睿智，而我能认识到这一点，他却不能。所以看起来我至少比那个人的洞察力强，只是因为我不认为自己知道一些我不知道的东西。

随后，苏格拉底对许多作家和工匠做了同样的事，然而每次他都得出同样的结论：他需要继续寻找比自己更有洞察力和知识的人。这使得他开始通过诘问的方式来研究对话者。在这种谈话中，与苏格拉底对话的人很快就不得不承认自己实际上并不十分清楚正义、虔诚、美德到底是什么。苏格拉底因此证明了对话者的无知。因此，许多人都讨厌苏格拉底。他渐渐发现，自称对某个特定领域了如指掌的人会倾向于认为自己也了解其他领域的知识。

每个人都犯了同样的错误：在了解自己行业的前提下，每个人都声称自己对其他行业也掌握大量的知识——而恰恰是这类错觉掩盖了人们的求知能力。于是我问自己："我究竟更倾向于哪种状态？是像我一样，承认自己不像他们那样有知识，但不像他们那样无知，还是像他们一样把这两者结合起来？"现在，我给自己和神谕的答案是：我将因我是我而受益。

利用反诘法进行对话，我们会发现，我们最初的预设、开场白往往是建立在"流沙"之上的。只有当真相被挖掘出来并摆在桌子上时，才有空间进行讨论，让我们的对话有所进展。苏格拉底说："只有当你知道自己不知道的时候，才有机会获得真正的知识。"当你养成一种质疑的态度，开始质疑那些不言而喻的事情时，迟早会在对方的叙事中发现矛盾。然而，当你质疑那些对对方来说毋庸置疑的事情时，质疑在对方眼中就会变成一件非常奇怪的事。

正如你在本书第一章中读到的，我们的信仰往往与我们的身份认同相关。当这些信仰受到哪怕极轻微的威胁时，你都会随时做好战斗准备。与此同时，关于无知的羞耻感也潜伏在对话中，这很有可能让你的对话者在相当一段时间内感到非常不适。顺带一提，这并不是一件坏事：形成新的、富有成效的和有趣的思考，有时需要经受一点痛苦。

在我刚刚接受关于提问和苏格拉底式态度的教育时，如果我的提问让别人感觉不舒服，对话者就会将这种不适感投射到我的身上。"天啊，你把事情想得太复杂了吧！""你应该知道它本身就说明了问题！""这只是文字而已，你明白大意不就行了吗？"这些都是我当时收到的回复。现在我知道，当我的对话者说出这样的话时，他们实际在某种程度上也意识到自己说的话并不完全有逻辑。

苏格拉底总是在对话前事先征求对话者的同意，这并非没有道理。当对话者恼羞成怒地指责苏格拉底，或想停止对话，苏格拉底就会抛出他们之前达成的"协议"。

下文是柏拉图的《普罗泰戈拉篇》中苏格拉底与普罗泰戈拉对话的一个精彩片段。有一次，普罗泰戈拉被苏格拉底逼问得脸上发烫，他想用"哦，没关系，我们暂时假设虔诚和正义是一回事"来继续自己的谬论。

普罗泰戈拉："好吧，苏格拉底，在我看来，不能简单说正义代表着虔诚，而虔诚就是正义。我的看法是，它们二者之间确实存在某种区别。然而我又说不出它们的区别是什么。所以如果你愿意的话，我们首先假设正义是虔诚，虔诚是正义。"

苏格拉底："不，不是这么回事！我想研究的不是'如果你愿意的话'或'如果你这么想'，而是你和我。

当我说出'你和我'时，我实际想表达的意思是，讨论我们观点最好的方式就是撇开'如果'，立足于你与我本身。"

正是因为不停地诘问和质疑，苏格拉底被当时的人称为"号角"。

练习反诘

当你加入一场对话并展开询问时，你需要警惕下面的话语。

- 你把事情想得太复杂了！
- 这是不言而喻的！
- 是的，它就是这样！

听到这样的话语，你就该知道，如果继续问下去，就有可能创造一场精彩的对话。在那一刻你要做的是坚持你的苏格拉底式态度追问下去。

- 是我把事情复杂化了吗？这是不必要的吗？
- 为什么这是不言而喻的？
- 为什么它一定像你说的那样？

当然，如果你事先征求了对方的同意，而且对方也对哲学探究做出了承诺，在对方怒不可遏时，你总是可以像苏格拉底那样问对方："你是想继续我们的探究还是想停止？"

无知

苏格拉底式对话经常以"无知"结束,并在对话中以"我并非无所不知"作为整体基调。

问题始终是问题,没有一个答案能让人满意。集思广益,想法和思路往往很多,然而它们并不是结论性的或确凿无疑的。苏格拉底式对话的目的并不是找到另一个你可以依赖的答案,也不是将你的思考凝滞在答案上。恰恰相反,在苏格拉底式对话中,你每找到一个"答案"的同时,就产生了进一步提问的空间。只有质疑才能使我们的思维不断拓展。恰恰是探索让你意识到你实际上所知甚少,从而使你获得无限的自由。当你保持好奇心,不断地思考并保持质疑,哪怕质疑常人认为显而易见的事情,你都会觉得世间的一切对你来说都是崭新和未知的。不过这种无知是一种更坚定的无知,毕竟你已经审视、质疑并观察过这个问题的所有方面。在这种情况下,无知也给你一种自由。

当集体头脑风暴后,有人举起手来叹息道:"我真的不知道了!能想的我已经都想过了。现在我真的不知道了。"这并无不妥。事实上,这种对话会让你知道自己所知的事物是如此有限。而这种承认自己所知甚少的意识是培养质疑态度的一个关键因素。事实上,从这种让人泄气的意识——承认自己无知——当中,你可以开始做一些有价值的事情,即提出问题。

练习：承认自己无知

你可以尝试让自己的信念遭受质疑。你可以让与你进行谈话的人质疑你的想法，并对你所说的观点进行批评。如果这项练习进展得顺利，在某些时候你会不得不承认："天哪，我真的不知道。"通常一开始你会说："事情就是这样的。"而对于"为什么就是这样"你却答不上来。你可以尽情感受这种空虚感。毕竟，我们需要拥抱和忍受未知的一切。

现在你知道了苏格拉底式对话有哪些组成部分，了解如何培养苏格拉底式态度，当你开始训练自己提出更好的、更尖锐的问题时，你就会做好充分准备。

在阅读完本章后，我强烈建议你多做一些零共情和苏格拉底式态度的训练。在你开始着手使用苏格拉底式态度进行对话前，需要对可能遇到的情况有所准备：你将不得不面对诡辩、怀疑和愤怒。你已经了解到苏格拉底式对话是从一个哲学问题和一个具体的例子开始的，而争取达成共识是这种平等对话的基本动力。

在下一章中，我们将探讨提问的条件。在你向某人提问之前，你需要做哪些准备？你需要考虑哪些事情？

第3章

提问的条件

不要阐述你的哲学，践行它。

——爱比克泰德

假如你已经掌握了苏格拉底式态度并了解了苏格拉底式对话的构成，你就已经打好提出良好问题的坚实基础。你学会了质疑的方法，学会推迟做判断和暂时放下共情。然后呢？有什么技巧可以帮助你提出一个好问题？

提问的条件1　一切始于良好的倾听

一个好的问题应该与对方的观点、讲述的内容紧密相关，必须紧贴对方的故事和经历，而不是从自己的立场出发。这与倾听技巧紧密相关。事实上，我们都是相当糟糕的倾听者。在对方说话时，我们经常三心二意，可能在完善自己的观点，思考自己接下来应该说什么，或者在想自己在对方描述的情况下会如何表现。这种倾听方式会导致你提出一个不是关于对方而是关于自己的问题。因此，如果你想问出一个贴近对方的问题，首先要做到真正倾听对方的话。

做到好的、纯粹的、不带主观解释、假设和意见的倾听并不是一件容易的事，这需要你进行大量的练习。如果你能在倾听时不加入自己的故事，你就会发现自己更容易集中注意力在对方的故事上，当你对对方的故事有了更好的理解，你就能提出更深层次的问题。

为了帮助你培养倾听技能，我简要地区分了三种倾听意图。

倾听的三种意图

倾听大致有三种意图：

1.自身的主观意图。我把这称为"我的想法是什么"。当你以这种意图倾听时，你关注的是自身对某件事情的看法。你思考这种情况下自己会怎么做、怎么想、怎么感觉、怎么说。这时，你关心的不是对方的感受、想法或经历，而是你自己的观点、意见或立场。带着这种意图来倾听别人，你很快就会产生为他纠正问题、提供帮助和建议的反应，或者你会情不自禁地分享自己的故事。带着这种意图倾听，你提出的问题很可能是暗示性、判断性或引导性的，比如：

"你不也认为他是对的吗？""你也认为去那儿可能比去别的地方更有趣吗？"……这类问题反映的都是你自己的观点。

2.对方的真实意图。我把这称为"你到底想表达什么"。带着这个意图倾听时，你会自然而然地充满好奇，带着一种像苏格拉底一样知道自己无知的态度。你会意识到自己的经历与对方不一样，并且会认真思考：他想表达的到底是什么意思？这件事对他来说到底意味着什么？他的想法和感受是怎样的？事情的真相到底如何？你需要尽可能地进入对方的精神世界，了解他们的故事、思维，理解并质疑他们的逻辑。你无须花时间说服对方、为他们提供建议、思考他们如何才能做得更好或应该采用哪种方式，也无须考虑自己在面对同一场景时怎么想、怎么做。当你带着这种意图倾听时，提出的问题往往是深刻的。这些问题要么能为你提供更多关于对方描述的实际情况的信息，要么可以让你更深入地了解他们的看法。无论如何，这些问题都会让你更贴近对方。

3.我们的意图。我称其为"我们如何参与对话"。这个意图会让你处于一个旁观者的位置，它悬浮在对话上空。当你从旁观者的位置聆听时，你不仅可以记录你的感觉，还可以观察对话者的状态。

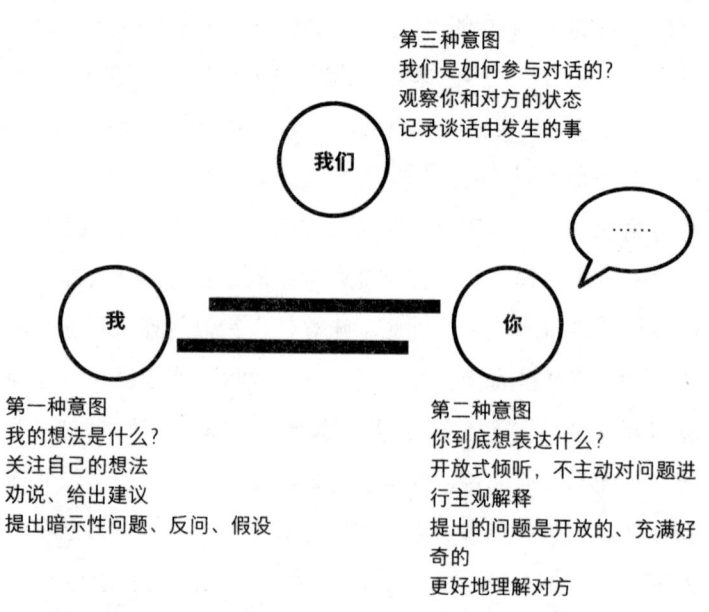

第三种意图
我们是如何参与对话的？
观察你和对方的状态
记录谈话中发生的事

我们

我 ━━━ 你 💭……

第一种意图
我的想法是什么？
关注自己的想法
劝说、给出建议
提出暗示性问题、反问、假设

第二种意图
你到底想表达什么？
开放式倾听，不主动对问题进行主观解释
提出的问题是开放的、充满好奇的
更好地理解对方

一个例子中的三种倾听意图

假设你正在和一个亲密友人交谈。他对你说："我不知道自己在工作中想要什么。我已经有很长一段时间不喜欢自己的工作。公司离家太远了，我总是没有余力去照顾孩子。有时，我觉得辞职可能会让自己过得舒服一点，但我又不敢，毕竟这份工作带给我很高的薪水，团队相处也非常融洽。我到底该怎么办？"

当你带着第一种意图倾听对方的讲述，你会认为："不，他不应该辞职！那个职位很好，会让他过得很舒服。如果我是他，肯定对这份工作很满意，因为薪水高，团队也优秀，而且从公司到家不超过半小时。我的公司离家更远，工资还少得多！"或者你会认为："是的，他说得对，应该马上辞职！孩子的童年很短暂，足够的照顾和关怀很重要。我也在辞职之后才幡然醒悟，现在我有更多的时间关心家人了。"

然后你可能会跟朋友说："我会三思而行。你现在已经有一份非常好的工作，为什么要放弃它？"或者："不，你根本不知道你现在的生活有多让人羡慕。"又或是："你怎么会想辞职呢？你现在已经过得很好了，不是吗？"抑或完全相反："没错，我完全理解你的苦衷。孩子和家庭也很重要，我相信外面有一些很棒的工作，可以让你把更多的时间留给家庭。"如果你这样说，那就证明你太以自我为中心了，你分享的都是自己的观点、意见或恐惧，完全没有从对话者的性格、愿望和欲望出发。

当你带着第二种意图倾听时，你的目的是进入对方的思维世界，你会想："他表达的到底是什么意思？这件事他来说是怎样的，他是怎么想的？他有什么感觉，什么时候会让他产生这种感觉？他的另一半对此是怎么说的？"

随后你会问："你到底是什么意思？这对你来说意味着什么？你对此是怎么想的？你有什么感觉？你什么时候有的这种感觉？你的伴侣对此怎么说？"这时，你会让自己沉浸在对方的故事中，而不是用你自己的经验为对方提供帮助。

要做到这一点需要很强的自我控制能力，毕竟抛出自己的故事、观点或建议的意愿可能非常强烈。

当你带着第三种意图倾听时，你可以注意到对话者的状态、你们是通过何种方式进行沟通的以及他在非语言层面表现出什么。或许你会注意到对方每次回复都以诸如"是的，但是"这样的话开头。然后你会说："当你谈起现在的工作时，你看起来很愉快。而当你谈到辞职时，你会环抱双臂，看向远方。"或者："我注意到你总是用'是的，但是'来回答我的问题。这意味着什么？"

想要提出更好的问题，你需要训练自己带着第二种意图即对方的真实意图了解对方到底想表达什么意思。然而在通常情况下，人们都倾向于使用第一个意图来倾听对方，为对方提出解决问题的办法。听起来带着第二种意图进行倾听并非易事，其实不然。你会发现这样做会让你的情绪变得很平静，因为你要做的只是单纯地倾听对方的故事，而不掺杂自己的意见、观点或想法。

练习：转换倾听意图

下次有人向你讲述他经历的事情时，你可以从第一种意图"我的想法是什么"开始倾听，你可以将自己的想法和话语记录下来，并观察对方的反应。随后，你尽力将自己的倾听意图向第二种"他到底想表达什么"转换。这时你会发现你对自己的判断和意见完全不感兴趣，只想深入了解对方的故事："他是怎么想的？他说什么？他现在遇到的情况如何？"

提问的条件2　认真对待语言

你可以用图像、声音、文字来思考，但如果你想把自己的想法传达给另一个人，通常会使用口语。口语是我们进行表达的载体，但很多时候，我们对待语言有点随便，我们会说："哦，那有什么关系，反正都差不多。"这是一种语言的浪费，并有可能导致争吵。干净利落地使用语言，可以使对话变得清晰，提出更好的问题。你会对某人所说话语的字面意思变得更加敏感——毕竟对方选择使用了这个词，而不是意思相近的另一个。当你对语言更敏感，你就能更敏锐地捕捉到对方未能说出口的、有心隐瞒的事。这对于你提出好问题是一笔巨大的财富。

不久前，我教授了"日常生活中的哲学"这门课程。在课堂上，学员们必须写下他们的学习愿望。例如：怎样才能学会以更有逻辑的方式思考？如何才能让对话更有深度？等等。

其中一位学员写道："在哪里才能找到问题的重点？"

他问的是在哪里找到重点，而不是如何找到重点，这有细微的差别，而这个差别可以告诉你这个人的一些有趣的信息：他很可能认为问题的重点可以在自身以外的地方找到。

有时，一个非常微小的词就会出卖我们的真实意图。"但是"就是这样的词。"你和彼得讨论过这个问题吗？"与"但是你和彼得讨论过这个问题吗？"本质上是完全不同的两个问题。

另一个例子是消极的措辞。当我问"你还没有和彼得讨论这个问题吗？"时，你能感觉到，实际上我认为你早就应该和彼得讨论这个问题。

"那么""但是"或"还没有"这样的词，往往会在无意中暴露你的意图。

像夏洛克·福尔摩斯一样

通过旁观、考察、推理得出结论，是夏洛克·福尔摩斯的推理艺术。外套上的一根金发、手机上的划痕、衣架上一顶看似被遗忘的帽子……这些线索会渐渐推导出一个结论，并帮助夏洛克了解一个人。在夏洛克眼中，这些蛛丝马迹能够帮助他侦破谋杀案。一个人说什么、不说什么、用了什么词，都能帮助我们更多了解他的语言和性格。

"语言总是含有深意吗？"有人曾经这样问我。"人们就不能只是简单地选择这几个词吗？它们有可能代表不了什么。"这当然有可能。但是细想一下，如果人们并不是任意地使用这些词汇，我们就有更多的东西可以探索、思考和学习。如果你假设我们只是随意地使用语言，将词语任意地填补在句子里，那么，生活就会变得十分无聊，你也会因此停止研究，并对语言的艺术和他人对语言的使用丧失兴趣。如此一来，你也就剥夺了自己进入无意识思维模式、信念和假设的重要机会。

对对方语言的浅层倾听

浅层倾听是一种用关注对方的语言来保持注意力的重要技巧。这无关移情，你只需要将关注点放在对方所使用的语言上，而不是这种语言对你意味着什么。你首先需要记录对方是否提出问题、做出断言或解释、为自己的立场辩护或表达论点。你需要倾听对方在陈述中引入了什么概念，其中是否有矛盾或论证错误。通常情况下，我们在听的时候会把想象力的大门"打开"，将自己置身于对方的处境中。在这个过程中，我们会自行填补缺失的细节，无意识地替对方完成句子、拼凑"图片"。而当我们进行浅层倾听时，我们听的是形式而不是内容，这会让想象力中断，从而专注于对方和他们所说的内容。

在使用这种倾听方式时，你花费的精力会相对较少。因为在这种方式下，你可以完全将注意力放在对方身上，或者更准确地说，放在对方的语言上。你无须填补、纠正、解释。

话语往往会暴露我们的自相矛盾、隐藏的假设，或犯下的逻辑错误。如果你想让对方思考或反省，苏格拉底式假装不懂的浅层倾听是相当有价值的。这种方式能让你提出有探究性的问题，让你更贴近对方。因此你们可以一起探索话语背后的内容。

练习：浅层倾听

你可以尝试以只专注对方语言的方式去听一个故事。你无须关注对方表达的是什么意思，只须停留在这些词的表面。你是否听到了话语中的矛盾？你的谈话对象是否使用了一些具有暗示性的词，例如"但是""不""太"？最重要的是，你要时刻注意，你倾听不是为了理解对方说什么，而是在对方的语言中注意到什么。

倾听时你要有这样的信念——我对这件事的看法是无关紧要的，倾听语言，倾听人们自相矛盾的地方，倾听论证的错误才是重点。你需要听一听句子中的问题、有暗示性作用的短语、毫无逻辑的论点，不要关注内容以及你对这些内容产生了怎样的观点。当通过这种方式保留自己的意见时，你会发现很多关于对方思想的有价值的信息。有时，即使你有意识地控制自己，在谈话的后期，你也很可能会说出自己的观点并为之辩护，但随着你掌握了这种倾听方法，这种表达自己观点的需要可能会逐渐消失。

肢体语言

那肢体语言呢？它在对话中也同样重要吗？

是的。我认为提问是关于语言以及提升对语言的敏感性的一门学问，肢体语言也是语言中的一部分。虽然有时我们可以撒谎、伪装、用语言筑起一道"高墙"，但肢体语言往往会轻易泄露我们的秘密。所以，你需要训练你的眼睛、耳朵和心灵，你可以利用第三种倾听意图来做到不被对方的肢体语言迷惑，尽可能客观地判断对方的肢体语言是否与他说的话一致。

我曾经和一位叫宝拉的女性进行过一次哲学谈话。她对自己的亲密关系有疑问——她不确定自己是否想和伴侣一起生活。对此，我问她有什么理由让她不想和另一半一起生活。她毫不犹豫地说出了几个：她将不得不适应她的伴侣，她不确定她是否能够适应两个人的生活……在谈到这些时，她始终很轻松，并把自己的论点表达得尽可能清楚，语调听起来相当欢快。

当我问她什么想法使她想要与伴侣同居时，她沉默了，面无表情，随后深深地叹息一声。在这五秒钟内，她的真实想法和情绪变化显而易见。她自己没意识到这一点，但一个局外人可以很轻易地看出她对同居大致的想法。我们可以抓住这些肢体语言信息，毕竟那里隐藏着可能连谈话者本人都不愿正视的真相。我们可以通过询问，引导对方将真实想法说出来，随后一起更深入地探索它们。

和宝拉谈话时，我重点关注了她的沉默、面无表情和叹息意味着什么。"我根本没注意到自己有这样的情绪变化。"当我问起这些问题时，她这样回答。

"在你面无表情叹气的那一刻你在想什么？"我问。

"我没想太多，只是感觉很有压力。我脑子里出现的画面是晚上我一个人静静地坐在沙发上，埃里克突然回到家，开始谈在工作中遇到的压力。我光是想想就觉得很疲惫了。"

"你对同居有什么积极的看法吗？"我又问。

她咬着嘴唇又沉默下来。而在意识到自己的面部和身体所传达的信息后，她突然笑了出来："我感觉到我在咬嘴唇了！接下来你肯定会问我这代表什么意思。这代表我也不知道同居有什么好处，但我在尽力思考。可能我现在还没准备好同居。"

一声叹息，一阵沉默，不自觉地坐下来，咬着嘴唇，闭上眼睛，面无表情：这些都是身体的反应。这些肢体语言与口头语言同样重要，有时甚至更直接、更清晰地表达我们的想法。因为我们的身体在回应一个会引起情绪波动的问题时往往反应得更快、更诚实，所以肢体语言是非常有用的信号,在提问的艺术中和口头语言一样重要。

练习:观察对方的肢体语言

当你进行浅层且零共情地倾听时,留下一些时间和空间来观察对方用他们的身体在表达什么:对方是怎么坐着的?他摆出什么姿势?面部表情表达了什么?他的呼吸透露了什么信息?其间是否伴随叹气或放松地呼吸?他是否有间歇性沉默?然后他是怎么做的?

提问的条件3 请求许可

几年前,当我通过参加课程、培训和研讨会来训练自己提出更好的问题时,我的一位老师曾对课程参与者说:"这是一个不能在家里尝试的课题,在这门课上,我们知道自己想要什么、在做什么以及我们的质疑意味着什么。而实际生活中的人往往不会等待你质疑。"

她是对的。但出于顽固和天真,我轻视了她的建议。毕竟我是如此热爱提问,我想让自己变得更聪明并与其他人一起思考和探索智慧。"提问真是太美妙了,它将会让世界变得更好。"我希望每个人都会同意我的观点。

我就像一个穿着运动鞋的苏格拉底2.0版本一样,开始向遇到的每个人随意提问。在家庭聚餐的讨论中，我经常通过自己不表态，而是质疑他人对问题的确定性并以提问、反诘的方式来刺激人们的神经。我的女性朋友们在讲述与爱人的争吵或工作上遇到的麻烦事时，再也不能指望从我这里得到同情，回应她们的只有我无情的问题。我会以提问的形式进行质疑："你说的一定是真的吗？你怎么这么肯定？你是不是陷进谬误了？"可是在不管不顾地提出问题后，我发现自己根本交不到朋友。我对此感到有些失望和幻灭（我本打算通过提出精彩的问题来改善世界），并被迫调整自己的行为——除非我想藏在天竺葵后面，和我的小猫欧拉相依为命，孤独终老。

苏格拉底总是会明确地询问他的对话者是否同意对某个问题进行探讨。得到肯定回答就意味着他获取了向对话者提问的资格。这种做法相当睿智。

当你通过明确地询问另一个人是否愿意进行更深层次的对话时，对话就变成了一种共同的责任。忘记或跳过询问对方这一步骤，会让对方感觉像是在接受警察的审讯。

你可以事先问问对方："你介意我提一些关于这个话题的问题吗？""我们可以一起探讨这个问题吗？"你也可以说："你想了解别人从其他角度是怎么看待这个问题的吗？"这样做可以确保你的对话者能提前了解在谈话中大致会发生什么，了解自己可能会被质疑，并对他人是否可以介入自己的谈话进行授权。

　　对方可能、也可以对你提出的问题说"不"。无论你多么想提问，无论你多么清楚地看到对方可以通过你的提问进行更深入的思考，无论你多么好奇，你知道继续问下去可能会发现一片新的天地，但是，如果没有对方的允许，一切就没有意义，甚至你有可能会遇到更大的阻力。

　　事先向对方征求许可还意味着你可以在后续的谈话中利用你们达成的"协议"。当提问进行困难，或使对方如坐针毡时，你可以跳出这个困境，与对方决定是否继续这个对话。对方有在任何时候终止谈话的自由，你也可以通过询问"你还想继续吗？"来确定对方的想法。有时，你的谈话对象未必能走得像你一样远。

苏格拉底和普罗泰戈拉

　　在柏拉图的《普罗泰戈拉篇》中，苏格拉底参与了一场关于美德的对话。与他对话的人是普罗泰戈拉——一个所谓的诡辩家，穿梭在城市之中，主要为那些渴望参与政治的年轻富人授课。他为此收取相当多的授课费——据说当时他的收入比十个雕塑家的收入加起来还要多。

　　在与苏格拉底进行对话时，普罗泰戈拉正处于名声大噪时期。苏格拉底比普罗泰戈拉年轻得多，做派与他截然相反。苏格拉底没有四处收徒，一生都生活在雅典，他与任何愿意交谈的人进行对话，从未收取过任何费用。

在对话开始时，苏格拉底解释了他展开对话的原因——他的朋友希波克拉底想要成为普罗泰戈拉的学生，但由于希波克拉底要为此付巨额学费，所以想事先知道普罗泰戈拉能教给他什么，以及希波克拉底将从这种教学中获得什么益处。对此，普罗泰戈拉没有考虑太久就给出了答案——他可以教导人们"审慎地考虑自己的事，妥善安排自己的家庭，在国家和政治事务中体面地行事和说话"。他将这些才能称为"美德"。

"也就是说，"苏格拉底接着说，"你可以在你拥有这种'美德'的前提下，也教会其他人。"然而随后他立即否定道："普罗泰戈拉不可能拥有这种艺术！"

苏格拉底认为，美德根本无法通过教导实现，即使是"最伟大的学者和最高尚的公民"也无法教导他们的孩子具备美德。然而从另一方面来看，有可能普罗泰戈拉真的具备这种能力，而苏格拉底的想法是错的。总之，苏格拉底邀请普罗泰戈拉与他一起探讨这个问题。

苏格拉底："我认为美德是不可教的。但话说回来，当我听到你持有相反主张的时候，我有点动摇了。我在想，一定有一些证据能够佐证你的观点。所以，如果你能更清楚地向我解释美德是可以教的，那么请你不要吝啬，我非常想知道这如何做到。"

普罗泰戈拉:"你说的完全是谬论!你错了,苏格拉底。"

通过这段话,我们可以很明显地看到苏格拉底式对话的两个特点。一是苏格拉底会提出一个明确的问题:美德是否可教?二是请求许可——普罗泰戈拉并没有被苏格拉底强行拉入对话。相反,苏格拉底明确地询问他是否愿意对此进行探讨。无论怎么强调这个请求的重要性都不为过,因为它还有更多的意义——这不是一个一旦被接受就可以被遗忘的请求。

在接下来的对话中,苏格拉底反复询问普罗泰戈拉继续对话的意愿。而且他不止一次强调,对话最终是否产生一个结果并不重要,每个人都可以在任何时候自由地结束对话。如果在对话的过程中持续强调这一点,他们的对话就不是被苏格拉底牵着鼻子走的,而是出于双方的共同期望。

苏格拉底通过不断询问对方对话的意愿,来促进双方探讨问题。通过这种方式,在对话中,苏格拉底可以很自然地询问对方:"在此时此地是否有人正在教授美德?"

普罗泰戈拉没有拒绝苏格拉底的请求。相反,他已经做好了充分的准备来陈述他的论点。在一场雄辩中,他申明正义、虔诚和智慧等美德是可以教导的。

练习：请求许可

下一次，当你听到有人在谈论一些你想继续探讨的趣事时，你可以试着提出这个问题："我们可以更深入地探讨这个问题吗？你是否愿意和我从哲学层面讨论这个问题？"当然，你也可以自己组织语言。你们最终是否真的就这个话题展开了讨论则无关紧要。也许对方没有时间，或者当时不方便，抑或对方干脆拒绝了你的请求，没关系，这个练习的关键是要训练自己在进行深入谈话前先请求对方的许可。

提问的条件4　慢下来

要想提出真正好的问题并探索答案，你需要慢下来，因为进行对话需要时间、注意力和纪律。它需要的注意力集中度可以与拼一个难度很大的拼图或是用左手穿针相当。由于我们从未接受过这方面的训练，所以在开始时往往需要适应。一场可以循序渐进地深入探讨论点、考察话语中隐含意义的良性对话，不可能在正常的对话速度下进行。你必须训练自己放缓思考和说话的速度。

欲速则不达

我参加过一个牛仔举办的讲座。那是一个专门研究拖车装载、穿着格子衬衫、戴着牛仔帽的硬汉。当时他讲述人们想用拖车运送一匹马的情况。马天生有幽闭恐惧症，几乎没有人能让马挤进狭小的车厢里。许多人甚至从来没有被训练过如何将马装进拖车。当人们需要自己的马参加比赛或他们需要去寻找兽医时，只能手忙脚乱、火急火燎地将马往车上赶。整个过程显得十分狼狈。这位牛仔在演讲中说了这样一句话："欲速则不达。"

我认为他的观点同样适用于良好的对话。你可以通过放慢自己的速度来达到意想不到的结果。放慢速度，在于你会有更多时间和空间来考虑如何进行良好的对话，这比以目标为导向、匆忙的对话带来的益处更多。

练习：慢下来

你需要邀请一个伙伴和你一起进行这个练习，并体会放缓速度为整场对话带来的积极影响。练习内容：其中一个人需要向另一个人提出一个有趣的、刺激性的问题。在另一个人回答之后，提问的人需要再问一个问题，如此往复。这个练习只有一条规则：在每个问题和每个回答之前，双方必须沉默二十秒。在这二十秒内，一方需要反复咀嚼对方的话语或问题，需要始终以对方的问题和想法为导向。除此之外，不要忘了审视自己的想法。二十秒后，你需要平静地提出下一个问题或提供问题的答案。大约十分钟后，双方可以互换角色，当然也可以一起回顾这二十秒带给了你们什么。

你们可以以下列有趣的问题开头：

· 如果你再也不用为钱担忧，你明天会去做什么？

· 你怎么知道自己拥有什么？

· 有什么事是你不能抱怨的？

· 有谁是你不需要严肃对待的？

· 为什么人们渴望平等？

我曾经在荷兰一家大银行做了一个讲座，与会者都是企业领导者，他们忙于工作、与各种各样的人打交道，习惯于快速做出决定。讲座中，我和他们做了上述练习。在讲台上，我看到人们的表情放松下来，并且能思考出一个更好的答案，人与人之间也有了更多接触。房间里的一切都变得生动、美好。

提问的条件5　忍受挫败感

在一场缓慢、需要集中注意力并遵守纪律的对话中，你提出的让对方反思自己的论点或观点（有时是有缺陷的）的关键问题，常常会伴随挫败感。这种挫败感来自对话双方。当你批判性地质疑对方的观点，对方有时会感觉自己受到攻击；由于对话的节奏比我们习惯的要慢，对话者会变得不耐烦；因为你在倾听的过程中几乎没有表现出情绪的波动，对方会感到沮丧，等等。

对话训练就像体育训练一样，你的思维"肌肉"需要时间去适应。你或许会因此感到肌肉酸痛，但正是这种酸痛才让你变得更强大。就像我在健身房有时会对健身教练出言不逊一样，你的对话者有时也会把他的思维"肌肉"疼痛归咎于你。这时就请忍耐一下吧，毕竟他并非故意针对你。最重要的是，你需要意识到，正是因为这种挫败感，人们才得以拓展自己的思维和视野。体育教练也不会责备那些因疲惫和肌肉酸痛而抱怨的人。他只会在内心认为："太好了，锻炼的目的已经达到了。"

从另一个角度来讲，挫败感本身也可以成为你研究的对象。这种挫败感体现了对方的思维模式。在许多研讨会和咨询中，"你现在为什么会感到沮丧"这个问题会引导人们展开思考。有些人感到沮丧是因为他们没有坚实的论据来论证自己的观点，有些人觉得他们正在变得自以为是，因为他们实际上并不想改变自己的观点……挫败感主要表明对方正陷入自己的思维中。作为一个"训练有素的哲学家"，你的任务是告诉对方哪里卡住了，并帮助他从牛角尖里走出来。

练习：忍受挫败感

你可以运用目前所知的一切与他人进行对话。首先，你需要邀请对方和你一起进入良性对话；其次，你需要慢下来，思考对方话语中的深意；随后你可以通过提出问题与对方一起探索对话的深度。一旦你注意到对方产生了挫败感，你需要先审视一下自己，让自己冷静下来，试着理解对方的想法（他并不是在针对你或是故意责备你）。这时你可以选择要么保持苏格拉底式态度，固执地追问，要么询问对方感到沮丧的原因。

在本章中，你学到了苏格拉底式提问的基本条件，你需要重视对方使用的口头语言和肢体语言，并向对方征求发问的许可，让自己慢下来，认识来自自己和对方的挫败感。

下一章我将提供非常实用的技巧和工具，以便你能够提出尖锐且有效的问题。

第4章

提问技巧

我们日复一日做的事情决定了我们是怎样的人。因此,所谓卓越,并非指行为,而是指习惯。

——亚里士多德

本书的内容都是关于提问的,但为什么这一章才提到实用的技巧呢?为什么不能简单地列出一个通用的提问技巧清单?事情并非这么简单,你不能只用一个食谱一样的清单或学习计划来学习提问的艺术。虽然你可以从清单上得到很多实用方法,但是没有苏格拉底式态度为导向,你还是无法学会提出好问题。你可能有一张很好的问题清单,但随后你就又会回到关于"我发现……"的倾听中,而缺乏对共同智慧的探索。

这听起来有点像烹饪,你当然可以按照菜谱一步一步地完成美食,这个菜谱在大多时候也都是有效的,但是如果你真的想学好烹饪,了解食材的口味、质地,了解香料的使用方法，培养对口味的敏感度，你就必须进行大量、持续性的练习，而不能只是照本宣科。

实践哲学也是一种"修习"。

通过重复、不断地练习和尝试，你可以将这些知识融会贯通，而这一切都是建立在苏格拉底式态度的基础上的。这就是为什么本书在这一章才展示实用的提问技巧和通用的方法。

向上提问和向下提问

判断只是问题的一个终点。当我说"我认为玛丽克是个好母亲"时，其他人还不知道我的依据是什么。事实上，可能我自己也不知道。我只知道我认为玛丽克是一个好母亲。我可以找到很多证据来证明，例如：她对孩子有操不完的心，她为孩子提供了足够自由的成长空间，她对孩子的爱十分无私。我有一个自己的评价标准来定义什么是"好母亲"。你可能会根据自己的想象去定义这个角色，而这很可能与我的论点完全不同。

要想找出判断背后隐藏的论据，就需要提出好的问题。

苏格拉底式向上提问（抽象）和向下提问（具体），可以为你提出问题提供方向。想要理解向上提问和向下提问，我们需要把世界简单地划分为"上层"和"下层"。你能感知到现实像一场正在上演的电影，你可以用自己的感官记录某些正在发生的事。我们暂且将这种现实称为"下层世界"，也就是日常生活和具体现实。当我们开始谈论一个现实问题以及我们对其产生的看法时，我们围绕现实所表达的是我们的看法。例如："特蕾莎是个很好的朋友"或者"詹森是个好员工"。在这种看法的背后，是一个由信仰、假设、价值观甚至人类形象组成的世界。我们暂时将这个信念、价值观、人类形象的世界称为"上层世界"。我们经常从"下层世界"出发，给现实贴上抽象的标签。"好朋友"和"好员工"就是抽象概念的例子。除此之外，这种抽象概念还包含诚实、公正、友谊、合群、种族主义、开放、勇气、合作，等等。

所以，现在你可以暂且将具体现实看成"下层世界"，并将抽象的概念看成"上层世界"。

详情可以参照本书140页至142页的示例和练习。

如果清楚地记住二者的区别，你就可以把自己的问题划分为两个不同的方向：向下和向上。你可以提出事实性的问题，也可以询问价值和人性。事实性问题要求回答者提供具体、现实的信息，比如：詹森具体做了什么？特蕾莎具体做了什么？这些问题的答案必须是"詹森是个好员工"或"特蕾莎是个很好的朋友"的具体证据。这时和你对话的人可能会说："詹森是个好员工，因为他按时完成了工作，而且从不迟到。""特蕾莎是个好朋友,因为她非常善于倾听,而且可以帮我接孩子放学。"

向上的问题问的是这句话背后的论据和隐藏的假设,比如:"为什么善于倾听的人是很好的朋友?"对方给出的答案可能是:"因为这意味着她重视自己的朋友。"

向上、向下提问的案例

我曾给我的学生们读了一则短篇故事:一个住在海岛上的女孩想去找她住在海岛对面的男朋友。然而天正下着暴雨,摆渡船无法出航。只有一个船夫愿意载女孩去对岸,然而他有犯罪前科。为此,女孩去征求母亲的意见。母亲告诉她,这件事只能由她自己做决定,因为只有自己才能对自己负责。

我问学生们:"你们认为这位母亲是个好母亲吗?"

其中的两名学生——仁科和马赛尔,各自持不同意见。马赛尔认为这位母亲不能称为好母亲,而仁科的观点恰恰相反。然而他们都不能明确地告诉对方自己为什么会这样想。于是马赛尔和我展开了下面的对话:

马赛尔:"我觉得这位母亲根本称不上是一个好母亲。如果要我说实话,我觉得她糟透了。"

我:"出于什么理由让你觉得她不是个好母亲?她究

竟做了什么让你产生这样的想法?"(向下提问)

马赛尔:"她任由自己的女儿自生自灭,完全不负责任。"

我:"你是怎么看出来她让自己的女儿自生自灭的?"(向下提问)

马赛尔:"她根本没有提出建议。很明显,那个船夫会让她的女儿置于危险的境地,她却只是袖手旁观。"

我:"所以你认为一个好母亲应该保护自己的孩子是吗?"(向上提问)

马赛尔:"没错,正是如此。一个好母亲应该保护她的女儿不受伤害,并在她需要帮助的时候给出建议。"

然而仁科不同意这番见解,他认为这个母亲就是一位好母亲。

我与仁科的对话大致如下:

仁科:"我完全不同意马赛尔刚才说的话,我认为她就是一位好母亲。"

我:"为什么你认为她是一位好母亲?她具体做了什么让你产生这样的想法?"(向下提问)

仁科:"她的确没有给女儿任何建议,但正因如此,她才称得上是一位好母亲。"

我："你认为这位母亲不给自己的孩子提出建议有什么好处？"（向上提问）

仁科："这样做可以为她的女儿提供自由和空间。她没有对女儿发号施令，让她听自己的话，而是让她自由选择，这才是对孩子负责的表现。"

我："所以你认为一个好母亲应该对自己的孩子负责。"（向上提问）

仁科："是的，我就是这么想的。"

在这次谈话之后，马赛尔说："天哪，通过这次对话，我了解到，很多时候我们在和对方沟通时根本不清楚他的立场和思想。我们可能就这样稀里糊涂地在分歧中坚持了很久，而实际上这根本是浪费时间。"

向上、向下提问的比例

如果你不清楚自己想走哪条路，那相比向上提问，我更推荐你进行向下提问。这是因为回答者往往更倾向于谈论抽象的事物，而这会让你很快就失去线索，忘记对方所讲的内容。如果你想让对话变得有重点、有深度，你就应该把对方带回到具体的例子中：这个人怎么样？为什么他是个好员工（好母亲/好朋友）？

你可以将这种思维运用到日常生活中。假设一个朋友跟你说："我和我的同事进行了一次谈话，但结果相当糟糕。我从来没觉得他那么狂妄。"这时，你就可以采用向下提问的技巧，比如："他到底做了什么？""为什么你会觉得他狂妄？""到底是什么导致了糟糕的结果？"

练习：区分向上和向下提问

你可以试着去听一场对话，可以选择广播、电视采访、播客以及你未能参与的生日会上的对话，仔细倾听别人问的问题，并暗自为这些问题分类：这是向下提问（对事实和事件），还是向上提问（对意见、假设、人类形象）？这个练习可以帮助你更快理解向上、向下提问的区别，并让你更快学会应用它们。

先向下提问，再向上提问

开始一次好的苏格拉底式对话，你首先需要了解事实：到底发生了什么？都涉及哪些人？情况是如何发展的？……这意味着你首先要提出大量的事实性问题，也就是进行向下提问。你可以将对方的讲述想象成纪录片，可以清楚地看到事件的各个角度，而不必用想象力来填补未知的部分。对方可能会先你一步进入上层空间，对问题进行抽象的描述。没关系，你只需要继续问一些事实性的问题，直到足够清楚到底发生了什么为止。一旦完全清楚了事实，你就可以向上提问。

例如，你的朋友向你提及他的一位狂妄的同事在公司大会中说："你肯定不能参加接下来的会议，因为你总是在照顾孩子。"这时你就可以提出一个向上的、基于意见和预设的问题："可是，这和'狂妄'有什么关系呢？"

仅仅是这个过程，有时就能创造出更多的空间。随后你可能发现，没有什么实质性的证据能证明这个同事真的很狂妄，一切只是出于你朋友主观的解释。

向上提问和向下提问示例

向上提问涉及抽象概念、观点、人类形象、道德原则（诚实、正义、勇气、"好母亲"、"好同事"等）。

向上提问

- ……
- X与Y有什么关系？
- 为什么会这样？
- 你说的X是什么意思？

声明/断言

- 我认为……
- 我希望……
- 我想……
- 我期待……

向下提问：
- 那是什么时候发生的？
- 他到底说了什么？
- 你当时做了什么？
- 事情的进展如何？
- ……

向下提问涉及事实、行动、事件、陈述，是可观察的、可证明的，如桌子边围坐了七个人、天正在下雨、他说"别傻了"、她拿了一块深绿色的手帕。

练习：先向下提问再向上提问

当人们说起一段经历或提到与他们切身相关的事，又或者当他们对"现实"做出陈述时，你应该打起精神，试着按照先向下再向上的顺序向他提问。

比如对方提到："我刚在家长委员会场坐下来，就听到米特的父亲保罗又开始谈论翻新学校操场的事情。我觉得这个家长太自以为是了！"

在这个案例中，向下的问题可以是：
- 保罗具体说了什么？
- 对操场的翻新具体涉及哪些内容？
- 家长委员会上还有其他成员吗？

- 其他人对此怎么说？

向上的问题可以是：

- 这与"自以为是"有什么关系呢？
- "自以为是"是件坏事吗？
- 难道保罗不能"自以为是"吗？

抓住重要的时刻

在苏格拉底式对话中，你需要不断对真正重要的时刻进行询问。假设你站在超市的结账队伍中，后面的人突然挤到你前面，让你感到相当气愤。当你把这件事告诉别人的时候，你往往会喋喋不休地抱怨，而话题的中心就是你的愤怒。如果观察得足够仔细，你就会发现愤怒并非始终存在，而是在某个时刻才出现。

也许是挤你的人和你搭话的时候，也许是他的手推车撞到你的手推车那一刻，又或许是他看都没看你一眼而直接插队那一刻。或者愤怒开始于你想到"他到底在做什么？"……通过寻找那个时刻，你就能找到故事的核心，就可以继续询问别人愤怒、悲伤、沮丧背后的原因。

抓住关键时刻意味着你要从向下提问开始。你可以把对方的故事当成一部电影，可以这样问："当时到底发生了什么？当时都有谁在场？他们都说了什么？"一旦对"影片"有了清晰的认识，你就可以向上提问："你对这些事实有什么看法？"对方的回复将为你提供关键性的信息，然后你可以把它们作为进一步提问的基础。

例如对方说："当那个插队的人说'我只有一样东西，让我先结账'，并将手推车推到前面去时，我感到很生气，因为不等我回应就直接插队是很不礼貌的行为。"

从这个核心观点中，你可以延展出各种问题：在什么情况下举动是无礼的？为什么你觉得他应该等你回应之后再采取行动？这个人是否有理由这样做？……你可以像这样一直推进，并让彼此的思维越走越远。

通过抓取重要的时刻和核心观点，你就可以质疑一个具体的事实。这会为你的谈话增加重点和深度。

寻找重要时刻的案例

在一次培训中，米尔亚姆提出了一个观点："我的女儿非常懒惰。"而另一个成员阿诺德的任务是向米尔亚姆提问，并找出重要的时刻。米尔亚姆首先需要一个具体的例子来证明她的观点，而阿诺德需要让这部"电影"看起来尽可能清晰，这意味着直到事实足够清楚之前，阿诺德需要提出大量的问题。

米尔亚姆:"我的女儿汉娜是个懒虫。比如昨天,当我回到家时,她正躺在沙发上一边玩手机一边看电视。而实际上她还有很多家庭作业没做,因为下周是考试周。"

阿诺德:"她躺在沙发上时是几点?"

米尔亚姆:"放学后,大概五点半。"

阿诺德:"她躺在电视机前时你在哪里?"

米尔亚姆:"我刚下班回来,我五点半进家门的时候拎着一大包从超市买的东西。我当时站在门口,在大厅和客厅之间,所以一眼就能看见她躺在那儿。"

阿诺德:"你们交谈过吗?"

米尔亚姆:"当然,我看见她躺在那儿,于是说:'你看起来挺悠闲啊。'她'嗯'了一声,然后我说:'你没有作业吗?'"

阿诺德:"然后呢?"

米尔亚姆:"然后她只是叹了口气,翻了个白眼。我就把买的东西送到厨房去了。"

阿诺德:"所以,如果我没理解错的话,事情的经过是这样的。你下班回家走到门口,看到你女儿躺在沙发上,一边玩手机一边看电视,你说'你看起来挺悠闲啊。'她'嗯'了一声。然后你接着问:'你没有作业吗?'随后她没有回答,只是叹了口气,翻了个白眼。随后你就把从超市买的东西送去厨房了。"

请注意，阿诺德故意尽可能重复米尔亚姆的原话。他没有用自己的话总结任何东西，也没有引入尔新的想法、词语或概念（我会在第五章谈到这种有意为之的行为）。

阿诺德："事情的经过是这样吗？还是你有什么需要补充的？"

米尔亚姆："没有了，一切都如你所说。"

现在，事件本身或者说这部"影片"对对话双方来说都足够清楚了，阿诺德可以继续询问重要的时刻。

阿诺德："具体在哪个时间点，你觉得你的女儿很懒？"

米尔亚姆："事实上就在我打开门看到她的那一刻。我早就想到她会躺在那儿，而事实正是如此。"

阿诺德："所以让你产生这个想法的到底是哪个时间点？"

米尔亚姆："当我推开门，看到她一边玩手机一边躺着的时候我就开始想'瞧，她又在犯懒了'。"

了解关键的时刻，阿诺德就可以向上提问了。现在我们完全明白了米尔亚姆的世界，她在"推开门，看到女儿边玩手机边看电视"时产生了"我的女儿非常懒惰"的观点。然而我们还不知道这背后的原因究竟是什么。所以接下来的任务就是一起发掘米尔亚姆判断和定义问题的方式，以及她脑海中对问题的预判和设想。

　　阿诺德："躺在沙发上边看电视边玩手机与懒有什么关系？"

　　米尔亚姆："这还用说吗？因为她没干正经事，她只是在那儿闲着。"

　　阿诺德："在当下，没干正经事就可以被定义为懒惰吗？"

　　米尔亚姆："也不能完全这么说，当然，如果你不懒的话就应该做点有用的事。"

　　阿诺德："当时汉娜做了什么有用的事吗？"

　　米尔亚姆："没有。不过，事实上我并不知道，我不知道她到底在用手机干什么，我没有问过她这件事。"

　　阿诺德："所以为什么她的所作所为会被定义为懒惰呢？"

　　米尔亚姆："我不知道，我就是这么觉得的。"

从上述例子中，你可以很清楚地看到阿诺德首先向下提问，随后向上提问，最后又回归向下提问。他一直追问到米尔亚姆无法再给出一个明确的答复，而米尔亚姆也逐渐看到她精心构建的论证崩塌。你也可以看到,在这个对话中潜伏着反诘和怀疑:在对话进行到最后的时候,米尔亚姆是真的不再清楚问题的答案。很显然,在米尔亚姆的例子中,"懒惰"一词更多与她自己而不是与她的女儿汉娜有关。当米尔亚姆被进一步问及她的论据究竟是什么时,她发现,除了自己对"懒惰"和"正经事"的定义外,再也拿不出任何事实性的根据。

练习:寻找重要的时刻

你需要找一个同伴一起练习,并且需要在提问前征得对方的许可。首先,你可以请对方讲一段让他印象深刻的经历,例如一个令他愤怒或使其遭受严厉批评的事件。之后,你需要始终围绕这个事件向下提问,直到这部"电影"的情节变得足够清晰。他是从哪一刻开始生气的?他是从什么时候开始认为对方真是个浑蛋的?试着让那个时刻变得确切,甚至精确到秒。随后你就可以向上提问:"为什么你认为那个人是个浑蛋?"然后看看你是否能得到一个观点:"当……时,我想/觉得/做了……因为……"之后,你既可以向上提问也可以向下提问。这样做的目的是更深入地探索对方的思维:你的对话者在想什么?他的潜意识做出了什么连他自己都没留心过的判断?……你需要去发现并抓住这些信息,并同你的对话者一起思考。最重要的是,你们要从中获得乐趣。

向上提问和向下提问的方法为你的对话提供了坚实的基础，特别是当你真诚地想和伙伴探讨什么时，这个方法格外有效。

提出好问题的秘诀

现在，你已经形成了苏格拉底式态度，了解如何为一个良好的、深入的对话创造条件，并且掌握了向上和向下提问的方式。所以，可以说你已经学会如何提问了吗？差不多，但这还不是全部。还有一些无论你想进行怎样的对话都能派上用场的超级实用的小贴士——在某种意义上算是提出好问题的秘诀——等待你去学习。例如，如何对待封闭性问题？现在是否是提出问题的好时机？为什么要问这个问题呢？这个问题还有优化的空间吗？如何确保对方立即理解我的问题而不感到被冒犯？……

封闭性问题应该被禁止吗？

我曾为金融部门的年轻顾问们开设过一个面试技巧讲习班。当时，我询问他们知道的提出好问题的方法。"你需要提出开放性的问题。"其中一个人说。其他人纷纷点头。

我经常听到有人这样说："你必须提出开放性的问题。"也许你也这样认为。我从来没有真正理解这种观念从何而来，毕竟它对你没有帮助。

如何定义开放性问题和封闭性问题

在继续阅读之前，你可以试着先为这个问题找一个答案。

当我在课堂上和工作室中提出这个问题时，我得到了一个这样的答复："一个封闭性问题的答案只有'是'或'不是'，而开放性问题的答案则可以更长。"

事实并不尽然，封闭性问题的目的的确是需要对方用"是"或"不是"来回答，然而我见过有人在被问到封闭性问题后滔滔不绝，也见过有人在被问到开放性问题后仅回答了"是"或"否"。

开放性问题一般关于谁、什么、哪里、哪个、何时、为什么和如何，而封闭性问题总是试图得出唯一答案。

当然，这也并不足以成为开放性或封闭性问题的定义。有时，开放或是封闭，依赖的是提问对象的答案，而非问题本身。举个例子，你认为"谁是荷兰国王"这个问题属于开放性问题还是封闭性问题？你可以说这是一个开放性问题，因为它是以"谁"开头的，哪怕看起来这个问题的答案具有唯一性——然而事实上并非如此，因为一个小孩可能会认为他的父亲就是荷兰国王。这是一个与封闭性问题的变体比如

"威廉·亚历山大国王是荷兰国王吗"不同的问题。而后一个封闭性问题的答案才具有唯一性。

但总的来说，根据提问目的的不同，有时封闭性问题是一个很好的工具。在想对某件事情进行检验的时候，你就可以使用封闭性问题；当你的对话者很啰唆时，一个封闭性问题可以让你尽快得到答案；当你的对话者对你讲述一个充满情绪但毫无逻辑的故事时，封闭性问题可以为他的故事提供结构，并使对方的头脑冷静下来。但是，如果你的对话者不愿意提供足够的信息，封闭性问题就会产生反作用。

你必须谨慎地使用封闭性问题，并找出最适合抛出的契机。封闭性问题与开放性问题一样，都是相当实用的工具。那种"不应该提出封闭性问题"的论断是对提问者的束缚，这种束缚可能让人们与有意义的对话失之交臂。

练习：辨认开放性问题和封闭性问题

接下来，你可以留心报纸、采访中的开放性问题和封闭性问题。在尝试辨别它们时，你还要注意提问者得到的答案。

"为什么"问题

许多课程会建议你不要提出一个以"为什么"开头的问题。的确，这一类问题确实有一个小小的副作用，就是让人感到被冒犯。毕竟我们不习惯在那些对我们来说显而易见的事情上被质疑。然而遗憾的是，如果你想得到新的见解，"为什么"问题恰恰是最重要的问题之一。

我们常常把"为什么"问题解释为要求某人说明某事的理由。这会让你觉得必须为自己辩护，之所以产生这种想法，是因为我们经常滥用"为什么"问题。有时我们并不是真正好奇对方的动机，而是把我们的责备或评论包装成一个"为什么"问题。有时我们不会说出真正困扰我们的事情，比如"你没有按照我们的约定打扫房间，这让我很生气"，而是抛出一个问题："你为什么不打扫房间？"这很明显不是一个纯粹的问题，而是一个被问题所包装的责备。类似的"为什么"问题还有："你为什么又要加班？""为什么你光吃肉不吃菜？""为什么你选择快餐而不是健康餐？"等等。这样的问题很容易被认为是一种评论和质疑，因为它们听起来几乎不像出于真诚的提问。根据本书对好问题的定义，它们也不是"出自真诚、好奇的态度，并贴近对方故事的问题"。然而，"为什么"问题对获得新见解是必不可少的。

因此，当你想深入对话，引起共同反思，并质疑对方观点背后的论据时，你经常需要抛出"为什么"问题。只不过，考虑到对方的"防御"，你可以稍微改变一下措辞。除非你和对话者的关系足够坚固，或者当你与对方达成了苏格拉底式哲学对话的协议，"为什么"问题才不会让对方感到被冒犯。这种情况下，对方甚至会期待你的"为什么"问题。

你可以尝试用以下方式组织"为什么"问题：

·为什么你光吃肉不吃菜？

→是什么原因让你光吃肉不吃菜？

·为什么你认为应该强制接种疫苗？

→有什么论据可以佐证"必须强制接种疫苗"这种观点吗？

·你为什么这么说？

→是什么让你发出了这样的感慨？

请注意，当你提出一个"为什么"问题，就意味着你下意识地开始寻找一个单一的原因或解释。然而，这种情况往往是不可能的，因为事情往往相当复杂，并非只有一个原因。

如果想寻找单一的原因，那么你可以问"某件事的原因是什么？"，但如果你想听到更复杂的故事，问题就应该以"如何"为开头。"你为什么开始吃素了？"往往会有一个固定的解释，但它或许是各种因素共同作用的结果。这时，"你是如何决定不再吃肉的？"就显得更加恰当。

练习："为什么"问题的不同问法

在下一次谈话中，当你想提出一个以"为什么"开头的问题时，可以尝试使用不同的问法。"这么做的原因是什么……"或"出于什么理由使你……"都是很好的提问方式。这样提问后，看看在你们的谈话中会发生什么：对方是否感觉受到了冒犯？还是他能够对自己的经历侃侃而谈？你是否对他的想法有了更深的了解？

"告诉我……"总能让对方打开话匣子

对不那么健谈的人，有一句话总是非常有效，可以确保你不让自己的主观意图影响整个对话进程，这句话既简单又有效，它就是"告诉我……"。

我的爱人很爱发牢骚。除此之外，他很喜欢用语言表达内心的情绪。他会通过胡言乱语将愤懑倾吐出来。这意味着在情绪低落的时候（幸好不是很频繁），他会抱怨周围的一切。对于一个倾向以内化的方式特别是以抱怨来打扰别人的人来说，这难免会有点招人烦。在他发牢骚的时候，我的反应要么很平淡："事情还没有那么糟糕。别担心。"要么直接告诉他别再闹了。当然，这两种反应效果都不好。

这时，"告诉我……"这句神奇的话就会产生功效。当我的爱人抱怨"天哪，我在厨房里总是找不到东西，它太小、太窄了。所有东西都摆得乱七八糟的，我简直快疯了……"一句简单的"告诉我，你在找什么"就能创造奇迹。

"告诉我……"就像一个阀门，在你说出这句话之前，大量的情感和经历被挤压成一团，而当你打开"告诉我……"的阀门后，它们就会被倾泻出来。对方会将发自内心的故事倾吐而出，以便你深入了解他们的经历。当然，你接下来能做什么取决于你的想法。如果你想更深入地了解对方的想法，你就可以开始问问题了。

练习：应用"告诉我……"

下一次有人在你面前抱怨时，请使用"告诉我……"来打开对方的话匣子。你可以试着先克制说出自己的问题、建议等，从"告诉我发生了什么事"开始，记录对方对你的请求的反应，以及在你们的接触中发生了什么。

问题陷阱

在不知不觉中，我们几乎每天都会陷入数以百计的问题陷阱。其中有一些相当明显，只要你能注意到，你就可以轻松避开它们。了解并认识他人问题的陷阱将帮助你做得更好。

提问就像一场网球比赛

好的提问就像一场网球比赛，其中一个人目标明确地将球击出去，随后等待对手回击同样的球。不等对方有所反应，打出一球后再连打出三球，或者将球打出去后闭上眼睛，不去追寻它的落点，或者刚击出球就急于调整自己的位置，都无法打出一场出色的比赛。

当然，你也不能站在对手旁边，低声提示他到底该如何回球，或者在你的对手准备接球的时候，一口气发三个球给他，又或者在对手没有按照你预想的方式回球时将他训斥一通。然而，上述这些禁忌就是我们在日常生活中问问题时经常做的事情，我们不是提出一个问题，把它交给对方，然后放下这个问题，而是做一些完全不符合规律的事情，比如我们会一口气问一连串的问题，并致力于将这些问题解释清楚（这会让提问变成独白，而不是单纯提出问题），或者持续地就自己的主观想法喋喋不休，让问题失去清晰度和力量。

不要在想表达观点的时候提问

在提问之前，你首先应该确认的是，你到底是想提问还是想表达观点。通过阅读前面几章，你已经知道，很多时候我们提出的问题本质上并不是问题，而是评论或质疑。如果你真的想表达一个观点，请注意不要让它变成问题，否则只会造成麻烦。你可以放缓对话的步调，多给自己一点喘息的时间，问问自己："我到底是想提问还是想表达些什么？"如果你想表达观点，请确保从你口中说出一个句子，而不是一个问题。你可以讲一个故事或参与讨论，但不要将其包装成一个实际上不是问题的问题。

我们回到之前的"网球"比喻中。当你想表达观点时，如果你进行提问，那么就像打网球比赛，你不是把一个网球打到对面，而是飞快地把一个网球、一个篮球、一个棒球和一个足球胡乱地抛向另一边。此刻一切都很混乱：你到底在玩什么游戏？规则是什么？轮到谁了？

了解问题的目的

很多时候，你在不知道自己想问什么的时候就抛出一个问题。你只是在胡言乱语，然后一个问题就产生了。它往往并不明确，我们甚至无法辨认它是否是一个问题。

因此，你需要首先理清自己的思路："我提问的目的是什么？"如果想让事实变得清晰明了，你的问题通常会以"谁""什么""哪里""如何"或"何时"为开头。如果想深入挖掘，并从对话者那里得到理由，你通常会问"为什么"的问题。当你想用问题来反驳对方的观点时，往往会将自己的观点包装成问题。在后文中，我会更详细地介绍究竟如何用问题来反驳对方的观点并引起双方的思考。当问题没有一个明确的目的时，你就需要反问自己是否应该发声。

"但是"问题

一个非常微妙但常见的问题陷阱是"但是"问题。人们有时会在问句前面加上"但是"。这里的"但是"不仅是一个词，还暴露了提问者对某些事情的真实想法。这种问题通常发生得非常微妙，以至于我们几乎会忽略"但是"的存在，但它确实包含着一个明确的信息。

有时，你还能在问题的后半部分看到一个"不"字。

"但是你难道不认为海达雅还有更好的方式完成这个任务吗？"

"但是你不觉得改一下这份报告的格式会更好吗？"

"但是"也会让一个问句变得阴阳怪气。

"但是我们就不能先去游泳吗？"和"我们可以先去游泳吗？"完全是两个不同的问题。

"但是你是怎么想的？"和"你是怎么想的？"有很大的差别。

"但你为什么要问玛扬呢？"与"你为什么要问玛扬呢？"是不同的。

这些"但是"问题传达的潜在信息是"我已经对这个问题有了看法，只是还没有说出来"。

连环问题

我们非常擅长提出连环问题。有时，你会先提出一个问题，然后又想到了一个更好的版本，并把那个更好的版本也抛给对方。有时，你会连续问不同的问题。当你提出一连串的问题，你的对话者就必须从你提出的诸多问题中选择一个,或按照特定的顺序来回答。

可是,如果一次性抛出多个问题,你们的对话就无法深入。你得到的往往只是一个模糊的故事,或者是对方漫无目的的表达。因此,你需要确保一次只问一个问题,这会使对方清楚知道应该如何回应你,如果一切进展顺利,那么他会给出一个清晰的答案。

了解这一点之后,你可以注意观察采访中或在他人对话中出现的连环问题,并思考这种问题对对话者和对话本身有什么影响。

模糊的问题

"模糊"指对方必须猜测你对某一概念的理解。我爱人有一个习惯,就是在周日早上刚起床时问:"现在已经很晚了吗?"这就是一个模糊的问题,因为我必须自己判断多晚才算晚。一开始我回答他"是的"。当时是上午十点,我会把这个时间定义为晚。随后,我爱人追问具体的时间,得知是十点后,他笑了起来:"那不还挺早的吗?"

可见,你需要在问题中清楚地说明自己到底在寻求一个怎样的答案。你要提出一个明确的问题,而不是要求对方赋予某个想法或概念以意义。

所以不要问:

- 这座塔高吗?

- 千层饼好吃吗？
- 他是胖还是瘦？

而是问：

- 这座塔有多高？
- 千层饼是什么味道？
- 他穿什么码数的衣服？

"非黑即白"问题

你想吃花生酱还是糖霜？问一个有两个选项的问题是没有错的，特别是当对方是个孩子的时候。然而问题在于我们提出的问题中只有两个选项，而实际上事情可能会有更多选择。

- 我们今天见还是明天见？

（后天或者下周也可以成为问题的选项。）

- 我应该把它交给巴特还是卡尔？

（或许你也可以选择把它交给玛丽克、卡里姆或梅里尔。）

- 你想左转还是右转？

（你当然也可以选择直走或是掉头。）

"非黑即白"的问题会让我们很快就认为提问者是正确的，并局限于他提出的两种选择。然而当我们仔细分析问题和选项，会发现实际上并非如此。更好的提问方式是将它们变成一种开放性问题："你想在三明治上加什么？""你想什么时候见面？""你想走哪条路？"

不成熟的问题

很多时候，我们提出的许多问题都只是一半，这就好比我们给对话者提供了一份半生不熟的苹果派。如果你不能提出一个完整的问题，对方就不明确自己应该给出怎样的答案。一个成熟的问题意味着这个问题完整、清晰且直接。当你听到别人说"布拉姆又忙得脚后跟打后脑勺了"时，你当然可以问他"这是什么意思"。然而，这个问题本身既不明确，也不完整，它没有指明询问的具体对象。完整的问题应该是："你说的'脚后跟打后脑勺'是什么意思？"

幸运的是，在上述例子中，不完整的问题没有造成灾难，但如果你有一个更复杂的故事要讲，这种问题就会让情况变得很复杂。例如：我和安娜在沿着运河散步的时候看见一个人，同时那个人也看见了我们。他坐在一条长椅上，手里握着婴儿车的手柄。他看向我们，嘴里喊着什么。这非常奇怪，我们一时不知道该做何反应。

如果你这时问"这是什么意思"，这个问题就不成熟，因为对方不清楚这个问题是在说那个人还是指那个人喊叫的内容，抑或是那个人喊的人。

一个成熟的问题必须是完整、清晰、直截了当的，例如：他叫的是哪个安娜？他指的到底是谁？那个人到底喊了什么？那个人是冲着谁喊的？这样对方对你想要询问的信息没有任何疑问。

成熟的问题可以使你贴近对方的故事，并得到你想要的确切的信息。

这一章为你提供了很多提问的实用技巧，还展示了常见的问题陷阱，以及如何避免这些陷阱。在下一章，我们会将目光投向问题之外，即如何保持深入的对话。

第5章

从提问到对话

开阔视野，拓宽思维。

——莱斯杰

现在，你已经熟知了苏格拉底式态度，并学会保持开放和好奇的心态，在倾听技巧上下功夫。同时你也研究过提问的陷阱和技巧，并了解了如何提出一个好问题。然后呢？我们该如何从提出一个好问题进阶到促成流畅的、有深度的对话？

多米诺骨牌

你可以将一场好的对话——将问题和答案很好地结合在一起的对话——比作多米诺骨牌。在老式的多米诺骨牌游戏中，你必须把眼数相同的骨牌连接起来，有四只眼的骨牌必须连接有四个眼的骨牌，而不是连接在有三只、五只或六只眼的骨牌上。就像多米诺骨牌一样，问题和答案必须是相匹配的。然而通常情况下，我们总是在不经意间把六放在四上或把一放在五上。

我们会提出一个封闭性的问题，而对方会用冗长的独白来回答。或者当我们提出一个开放性的问题，得到的回答只是"是"或"不是"。在许多对话中，很多人往往只听到问题的一半，就用自己对于问题的主观联想将对话进行下去。这种情况下，提问者甚至没有意识到自己的问题没得到真正的答案，因为他已经陷入主观思考。许多对话都由断言、逸事和意见组成，而不是像多米诺骨牌一样，将真正契合的问题、答案和反应连接在一起。

两段独白并不构成对话

皮彭说："前几天我参加了岳父举办的聚会。在聚会上，我听到他和同龄人聊天。让我印象深刻的是，他们都习惯性地告诉对方自己将身边的事安排得多么井井有条。他们谈论养老金、投资之类的话题，然而没有人向其他人提出哪怕一个问题。当一个人将故事讲完后，下一个人就开始讲自己的。"皮彭的岳父和同龄人之间的聊天，是一段又一段的独白，根本无法构成对话。

能够进行良好的对话并不是我们与生俱来的技能，我们不得不通过训练和实践来锻炼这种能力。

检查多米诺骨牌：它们配对成功了吗？

检查多米诺骨牌即检查对方的答案与你的问题是否相符，最简单的方法是暂时从对方回复的内容中抽离出来，去检查问题和答案的结构。

一个是非类问题的答案是否真的是"是"或"否"？如果你向对方提供了两个选择，那么他是从你的选项中选择了一个还是将整个故事讲述了一遍？如果你问"现在几点了"，是否真的得到了一个时间点作为回复？

如果从对方那里获得的是你要求以外的东西，就意味着多米诺骨牌不匹配。为了使对话清晰，你将不得不对对方的回答进行干预。简单来说，你可以选择重复自己的问题，这会比循规蹈矩地指出对方没有好好倾听你的问题效果要好。

有一天，我在阿姆斯特丹的电车上听到一个实例。

A："你想吃寿司吗？"（是非类问题）

B："前几天我在一家餐厅吃过寿司了。当时餐厅里很挤，服务也很差，有三次我们菜都没吃完，服务员就把盘子收走了，简直糟糕透了。"

通过这个关于吃寿司的简单例子，你就可以看到不契合的多米诺骨牌是什么样的。当话题变得难以回答,另一方就会不由自主地想要逃避困难的问题,或者不承认自己不知道答案。

再举个例子。塔里克和安妮是山姆的父母,山姆在和皮特出去玩时染上了毒瘾并惹上了一些麻烦。

> 安妮:"你觉得是不是应该禁止山姆再和皮特出去玩?"
> 塔里克:"我觉得皮特本身是个挺不错的孩子,但他们上次一起出去后发生的事确实让我有点担心。考虑到上次的教训,我在想,好吧,我们是不是真的应该……"

可以看出,安妮提出了一个"是非类问题",而塔里克只是分享了他的想法,这虽然也能让对话进行下去,但会让对话的内容停留在表面。塔里克并没有找到问题的答案,只是给出了一些琐碎的思考作为回应。

如果想要增加对话的深度、明确对话的重点,你就需要先回答问题,再分享你的论点、关注点和思考,这会让你的思绪更容易被探究和质疑。

直接表态是一件刺激且困难的事,但这样的确会使事情的脉络变得更清晰。

> 安妮:"你觉得是不是应该禁止山姆继续和皮特出去

玩了?"

　　塔里克:"没错,我觉得应该如此。"

　　安妮:"你为什么这么想?"

　　塔里克:"因为他们上次一起出去的时候惹上了麻烦。皮特不是个坏孩子,但他的一些习惯对山姆造成了不好的影响。我觉得最近三个月内还是不要让他们一起出行了,你觉得呢?"

　　在上述版本的对话中,塔里克凭借论据让他的立场更加清晰。此时,问题和答案像多米诺骨牌一样契合在一起。

对话不是一个人的独角戏

　　在进行良好的对话时,你会希望多米诺骨牌契合在一起,并将它们一次排列整齐,而不是有人把所有的骨牌都摊在桌上,完全不给另一方留出空间。要记住,你不是为了说话而说话,而是为了让别人听到你的声音。这意味着你不能隐藏在自己的故事背后,而是必须与你的对话者保持联系。当然,你也可以通过目光和姿势等非口头语言的方式做到这一点,但话语的内容仍然非常重要。

　　有时,为了给对方留下深刻印象并说服他们,人们会不知不觉地在独白开始时使用很多难懂的词语。如果你的目的只是给人们留下深刻的印象或展示自己的智慧,那么你就不是在进行对话,独白往往只对发言者有意义。

苏格拉底的谈话原则之一就是说话要简明扼要,容易让对方理解。

在与普罗泰戈拉的对话中,苏格拉底要求他停止发表让人难以理解的独白,因为这些话让苏格拉底很难跟上对方的思路。据《普罗泰戈拉》:

苏格拉底:"普罗泰戈拉,非常抱歉,我有点健忘的毛病,当一个人发表长篇大论时,我就会忘记他之前讲的是什么。如果你想让我听懂,就把你的回答缩减一下,让它们变得更加简短。"

普罗泰戈拉:"我当然可以简短地回答,但我不明白你的意思。人们在对话时非得简短作答才行吗?"

苏格拉底:"当然不是。"

普罗泰戈拉:"那什么是必要的?"

苏格拉底:"确切的答复。"

苏格拉底的这一要求让普罗泰戈拉感到气愤,这是因为他习惯按照自己认为合适的方式说话——用晦涩的语言滔滔不绝,因为只有这样,才能显得他是一个"实力派辩论家"。简而言之,普罗泰戈拉不想遵从苏格拉底的意愿。而此时,苏格拉底打出了他最后也是最有力的一张王牌——终止对话。

"听着，普罗泰戈拉，如果这场谈话的形式不适合你，我也不再劝你继续下去；如果你听从我的建议，那么我就可以跟上你的思路……然而，现在你拒绝接受，而我还有一些事要做，没时间来听你的长篇大论。我还有很多地方要去，那么我就先走一步了。"

在随后长时间的讨论中，普罗泰戈拉总算同意以苏格拉底的方式进行对话，也就是说，他愿意简明扼要地说出自己的想法。

追问

在涉及提问的课程和研讨会上，我最常被问到的问题之一是应该如何正确地提问。好的提问能够使对话更有深度，会使你更好地了解对方，扩展你的思维空间。但是，怎样做才能提出好的问题？应该从哪里开始？实际上可以问的事情有哪些？有什么方法可以跟进问题？如何在避免让对方生气的前提下提问？应该如何使用追问的方式来跟进问题？

什么是追问

追问是对一个观点或故事进行深入探讨。它不是对对方的观点和思路进行扩展，不是提出新的概念，而是深入探究已经摆在桌面上的问题。如果和他人就"儿童是否应该接种疫苗"展开谈话，那么你可以询问对方采取某种立场的原因、有什么例子可以佐证其观点，或者是否有可以支撑其观点的亲身经历。如果你询问一个与儿童接种疫苗无关的问题，并引出另一个与之无关或关系不大的话题，你就不是在追问，而是在开始一段新的对话。

追问会产生与"为什么"问题相同的结果——让对方感到被冒犯。当然，这在某种意义上是可以被理解的，因为你在要求对方证实他们的立场或陈述，为论点提供论据。有些人选择不进行追问的原因就在于此。首先，他们不想让对方感到为难，不想弄僵彼此的关系。"我不能追究对方的责任，对吗？我有什么资格要求对方提供论据和理由？"他们会这样想。

为什么不呢？从什么时候开始，质疑某人的言论变成了一个坏主意？从什么时候开始，要求他人提供观点的论据成了无理的行为？你只是在要求对方为自己的言论负责罢了。如果对方的观点是正确的，那么它一定是有根据的。正因为你在探究问题时过于谨慎，没能提出足够的问题，你的对话者才会以一句微不足道的话、一个简单的声明或不经意的断言作为答复。

当然，好的追问取决于你的好奇心和苏格拉底式态度。

当你以判断或批判的心态提出问题，往往结果会适得其反。想要提出好问题，你就必须对观点背后的思想结构真正感到好奇。有时进一步追问会让你的对话者开始反思："我说的真的是对的吗？""我想，是的，但我是不是太草率了？"

追问等于分析性思维和倾听

要想提出好的问题，你首先要认真倾听别人说了什么。你可以抛开对方话里的内容，不再关心自己的观点，也不再试图说服对方并参与讨论。你可以尝试以苏格拉底的方式倾听——纯粹地、浅层地倾听对方的语言。其次，你还应该放下共情，避免安慰对方并为其提供建议。你应该对对方声明和观点背后的原因感到好奇。你真正的关注点有两个：他的字面意思是什么？这背后隐藏着怎样的原因？你需要分析的问题有：对方在做着怎样的陈述？他所说的与之前的内容是一致还是自相矛盾？这样可以防止你被大量的信息冲昏头脑。

质疑显而易见的事

最简单的质疑方式是质疑那些不言而喻的东西。通常我们会自行填补对方话语中的空白，自以为明白对方的意思。然而，如果你以苏格拉底的方式进行倾听，问题就会自动涌入你的脑海。

如果有人说"身为老师不应该这么爱抱怨"，那么人们可能会说:"是的,我同意你的观点。"或者说:"这样说太苛刻了,我姑姑就是老师,她的日子过得相当艰难。"如果以苏格拉底的方式倾听,你可能会说:"那么老师们应该怎么做?什么样的话被称为抱怨?"或者"为什么老师不应该抱怨"?对方可能会挣扎片刻,含糊其词地说"你肯定明白我的意思,社交媒体上经常能看到这些",但如果你坚持追问,对方就不可避免地要把他隐含的、不自觉的想法和信念说清楚。

练习:质疑显而易见的问题

在这个练习中,你需要邀请一个伙伴,并为他分配一项任务:写下一个你的观点。也许那个人对很多问题都有强烈的意见,从中选取一个观点,把它当作一个断言或论点。

例如:父母应该为孩子接种疫苗,因为这有利于整个社会的健康。那些不愿意这样做的父母不应该只考虑自己,而应该更多地考虑他人的利益。

这时,你需要先遏制自己的情感,你不需要去考虑自己对这种观点是同意还是反对,也不要妄图改变任何人的想法,只是纯粹地就问题进行探究。随后你可以问那些看似愚蠢的、质疑显而易见的事情的问题:

· 不愿为孩子接种疫苗的父母是否自私自利?
· 为什么考虑他人的利益是有必要的?

- 为儿童接种疫苗对社会的健康有什么好处？
- 你应该为自己考虑多少，又为他人考虑多少？

追问的两个方向

广义上讲，你可以从两个方向进行追问，一是追问对话者的观点，探索其背后的假设和想法；或者与之相反，你们可以一起探讨与对话者的观点相反的观点。

追问对话者的观点

- 你是怎么确切得知的？
- 有什么论据能证明这一点吗？
- 你的观点是以什么为基础的？

追问相反的观点

- 每个人都这样想吗？
- 如果有人不同意你的观点，你会怎么说？
- 会不会有其他原因呢？

当进一步探究对话者的心态时，你会更深入地挖掘对方的思维：他的发言是基于什么？背后包含了怎样的假设？

从相反的角度进行提问则需要你的对话者具备更敏捷的思维，能理解相反的观点。

至于你应该在什么时候选择哪个方向并没有什么"黄金

法则"。然而，在邀请对话者探索其他可能性之前，完全清楚并理解他们的观点是很有帮助的。

练习：从两个方向进行追问

当你下一次听到有人发表你想跟进的言论时，需要留心这两个方向。首先，按照对话者的思维方向进一步询问："你是怎么知道的？""你为什么会这么说？""这到底是怎么做到的？"……如果你觉得自己已经理解了对方的思维（这与是否同意对方的观点无关），就可以改变追问的方向，询问相反的观点："事情总是这样发展的吗？""在什么情况下会有不同的效果？""其他人如何看待这件事？"……

提问回音式问题

回音式问题是一种在探索和深化对方所说的内容的同时，保持与对方（的故事）一致的提问方式。这是你可以随时随地使用的提问方式之一，特别是当你不知所措但还是想对某人所说的内容进一步提出问题的时候，回音式问题可以让你利用倾听的第二个意图，也就是不提出建议或引入新概念。你可以把自己的问题当作一种回音：不是用自己的话概括，而是重复对方的话。

例如，当你的同事说"我刚和吉姆谈过了，现在又有了一个大麻烦"，你可以问："什么叫'又有了一个大麻烦'？"

再比如，当一个朋友抱怨她的男朋友"克里斯是个大笨蛋"时，你可以问："是什么让克里斯成为这样一个大笨蛋？"

你可以像一个回音壁一样，重复对方的话语，变成自己的问题。

下面是几个好的和不好的回音式问题的例子：

那次会议无休止地持续着。

不好的问题：是什么让那次会议变得如此漫长？到底是谁拖延了会议的进度？

好的问题：为什么那次会议会无休止地持续下去？

亨克的母亲又变好了。

不好的问题：她当时做了什么？她又说了什么？

好的问题：她怎么又变好了？你说"亨克的母亲又变好了"是什么意思？

我觉得这个行为很可笑。

不好的问题：你怎么会认为这是一个可笑的行为？你为什么认为它很可笑？

好的问题：你认为什么样的行为是可笑的行为？可笑的行为是什么样的？你为什么认为那是一个可笑的行为？

在这些例子中，你可以看到，在好的回音式问题中，你的话语非常接近对方的描述。你既不是在介绍新的概念，也不是在转述对方的话，这可以确保对方感觉到自己被倾听，并能沿着他自己的思路去思考。可能有人会觉得这样做"感觉很假，而且对方会注意到"，然而，对话者根本没有这种想法，他只是会感到自己被对方理解，并得到了他需要的空间来讲述自己的故事。

当然，你不应该把每个问题都变成回音式问题，这会使别人把你当成一只学舌的鹦鹉。

对中心概念进行追问

在一个声明或问题中往往有一个中心概念，这也是真正重要的东西。学习识别中心概念有助于你更好地提出问题，并将主要问题与次要问题分开。

例如，当有人说"你必须让父母自己决定是否让他们的孩子接种疫苗，而不能从第三方的角度强加干涉"，可以看到，这里的中心概念是"自主权"。显然，观点持有者认为这很重要。

在同一个问题上，有人可能会说："接种疫苗是必须集中监管、控制的事情。假设没有人给自己的孩子接种疫苗，那么很快就会出现各种我们现在可以合理控制的疾病。"显然，这个观点的中心概念是"控制"。

前面的两种意见是截然相反的。在只听内容的情况下，你可能只认为这两种观点是不一致的。但如果分析一下中心概念，你就会发现，"自主"和"控制"正位于对立面。无论是在思考还是在对话中，学习概念是如何运作的并命名一个中心概念，会给你带来更加清晰的思路。当然，当你希望能够正确地提出问题时也是如此。

你可以提出的问题包括：

·父母的自主权是否高于一切？

·放弃一部分自主权是否真的没有好处？

·如果我们给父母充分的自主权会有什么后果？

或者

·控制和自主的限度分别在哪里？

·你应该在多大程度上控制父母做什么与不做什么？

如果你能切中中心概念，就会更清楚自己应该朝哪个方向提问。如果只是毫无章法地提问，你的关注点很可能会转移到自己感兴趣的事物上，如此一来，你就会渐渐远离对方的思路。

练习：识别中心概念

请尝试识别以下句子中的中心概念：

1. 我是一个素食主义者。我觉得为了自己的快乐而残杀动物是不公平的。

2. 应该推广卫生巾和卫生棉条的自动取货机，以便妇女可以免费使用。女性不应该因她们的生理特性而比男性多花钱,这是不正确的。

练习:对中心概念进行追问

你可以随意拿起一份报纸、采访稿、意见书或杂志,阅读其中的一个声明或段落,并尝试识别它的中心概念。随后,你可以针对这个中心概念提出三个问题。

这个练习会使你更容易在谈话中认识到中心概念,从而提出更好的问题。

正视你的问题

在对话中,你需要提出一个能让对方立即反思自己观点的问题。每个人都有必要掌握这项技能,因为它能引发对话者的思考。如何才能真正做到这一点呢?如何以提问的方式让对方反思自己说过的话?如何让他们反思自己潜在的废话或思维的错误,甚至是不实言论?

人们经常会出于害怕冲突或争论而拒绝站在对方的对立面。在真正开始对抗性的言论之前,我们已经有了相当多的假设:

- 对抗会导致冲突。对方可能被我的问题触动,并做出防御性的反应。

·对抗是令人兴奋的，但是它会让人与人之间的关系面临风险。

·在开始与对方的观点进行对抗之前，我必须对事情的全貌有充分的了解。

当你利用苏格拉底式态度，并以非评判性的方式提出你的问题时，对抗一个问题一点也不困难。

对抗是什么

从最直白的意义上讲，对抗就是站在对方的对立面与之抗衡，而这也正是在对话中进行对抗的含义。你得到什么就会反馈什么，对抗是倾听的一种反应。通过苏格拉底的方式进行对抗，无非是把对方的陈述还给他，让他自己去进行反思。对抗不是凌驾于他人之上，不是把他人击倒，而是正确地纠正他人。换言之，对抗意味着认真倾听并给予反馈。

在下列情况中，你可能会想用自己的言论来对抗别人的观点：

·当某人表述得不清楚时。

·当某人长篇大论，但实际上言之无物时。

·当某人自相矛盾时。

·当某人陷入了思维误区时。

通过上述内容可以看出，在对抗时，你不需要对对方的陈述内容有非常全面的了解。你可以用在本书中学到的倾听方式，也可以选择分析对方的语言结构，识别对方观点中的中心概念，最后展开对抗。你越是把自己放在一个无知的位置，就越能质疑显而易见的事，而这往往会促进对方的思考。

你不会想在下列情况下展开对抗：

· 你只是想赢得一场争论。

· 另一方激怒了你，而你想向他说明自己的观点。

· 你的对话者对你来说无关紧要，你可能再也不会见到他了。

如果在胜负欲的驱使下，你开始对抗，或者在交谈中，你已经变得非常恼火，那么你的对抗很可能会变成指责。这种情况下的对抗恰恰会带来你不想要的东西——争论或冲突。而提出好问题得益于仔细而耐心的倾听、冷静和零共情。

如何用问题展开对抗

那么，应当如何利用苏格拉底的智慧在对话中进行对抗呢？一种方式是，你可以通过简单的重复（或部分重复）对方的陈述，以提问的形式对抗——想想之前提到过的回音式问题。

例如：

"所有领取社会福利的人都是懒惰的人。"

"所有的都是吗？"

或者：

"他傲慢得令人难以置信。"

"傲慢吗？"

另一种简单的对抗方式是采取好奇的态度，要求对方对自己的观点进行进一步解释，即求解。

例如：

"所有领取社会福利的人都是懒惰的人。"

"他们懒吗？你能再详细说说吗？"

或者：

"因为现在所有女人都在讨论'MeToo'，作为一个男人，你很快就会什么都做不了了！"

"到底为什么会这样？就因为女人对'MeToo'的讨论，男人就什么都做不了了吗？"

或者：

"你知道那些人都什么样。"

"我不太明白，你能再解释解释吗？"

当一个人没有回答你的问题时，你可以从字面上重复问题。这意味着你必须时刻保持认真的倾听，注意某人是否就某件事给出了答案，以及答案中缺少什么。

"什么叫承担责任？"

"这与胆量有关。"

"这不是问题的答案，你现在只说了承担责任与什么有关，而没有回答什么叫承担责任。"

或者：

"那份工作有什么好的？"

"我盼望得到那份工作很久了。"

"你没有回答我的问题。你只说了你想要得到那份工作，却没有提到那份工作本身。所以那份工作有什么好的？"

如果你不想让对方用与问题本身无关的长篇大论搪塞你，你就需要不断要求对方澄清和说明自己的回答、观点。而这也是一种对抗的方式。

例如：

"当你意识到自己想要又不想要的时候，你下意识说的东西和你的脑子里想的不一样，因为你已经就这件事和他人达成了共识，而实际上你想摆脱这些共识。但你不知道怎么做。不愉快就是这么产生的。"

"你到底想说什么？"

对抗无非是将你得到的原封不动地还回去。

用提问的方式对抗可能会让你紧张，这很正常，毕竟是要对方被迫反思自己的话。但是，你是通过对抗的方式，要求对方对自己的话语和观点做出解释、列举理由、说明原因。从这一点来说，对抗不会使一场谈话变得糟糕。

练习：用提问进行对抗

请在接下来的几天里批判性地阅读新闻和采访，当故事中有人自相矛盾、偏离主题或陷入思维误区时，请将它们记录下来，想一想你可以通过提出怎样的问题让对方意识到自己的胡言乱语、发言模棱两可或自相矛盾。

如果你有信心能提出有效的对抗性问题，你就可以开始与伙伴们进行一对一交谈。如果对抗成功了，下次你就可以尝试在会议上与更多人进行对抗。不过，你需要特别注意自己的态度——时刻保持开放、不妄加判断并充满好奇。

用假设问题促进对方思考

如果你想让对方看到事情不同的一面，延展对方的思维并拓展他的思考空间，一个假设问题有时会带来奇迹。很多时候，在回答这个问题时，对话者的脑海中可能会突然出现之前没考虑到的内容。

当你知道自己在想什么时，就可以选择是否去想它

布伦达的故事是一个说明假设问题能给人带来极大的惊喜和动力的例子。

布伦达是最早参与我的"生活中的哲学"课程的学生之

一。在这堂课上,我会和学员们进行对话和思考练习,并进行苏格拉底式的提问训练。有一天晚上,我们对判断进行研究。人们经常会对一个连自己都不知道判断标准的事物进行直接、直觉性的判断。事实上,判断只是一个终点,而能够支持这个判断的关键性论据没有浮出水面。当第一直觉的判断受到质疑时,你就应该意识到自己已经建立了潜在的思维结构。这时,你可以有意识地选择保留你的判断,或者与它保持距离。

当晚,布伦达就遇到了后一种情况。

当时,我为大家展示了一张大胆的婚礼照片。照片中我们看到新郎、新娘身处灌木丛中,新郎背对着摄影师,穿着深蓝色的西装,裤子脱到脚踝,而新娘跪在新郎前面。

在课堂上,小组成员必须回答的问题是:"这幅画是不是太离谱了?为什么?"对此,每个人都给出了自己的结论和相应的论据。

布伦达最初得出的结论是:"是的,这张照片太过分了。婚纱照不能拍成这样。"然而她并不清楚自己为什么会这么想。

于是我问她:"假设新娘和新郎没有穿着结婚礼服,而是穿着日常的牛仔服拍照,你是否还会觉得离谱呢?"

布伦达想都没想就喊道:"当然不会,这样的照片怎么会离谱?"然而在意识到自己回答了什么之后,她立即用手捂住了嘴。她被自己吓了一跳,她发现了自己对事物潜在的判断标准:新婚夫妇应该被描绘得贞洁。

布伦达本以为自己的思想是足够进步与开放的,然而通过这个例子,她意识到自己还是怀有一些偏见。后来她回忆说,这是因为从小她的父母就以保守的方式教育她,使她根深蒂固地认为"新娘应该被描绘得贞洁"。这个想法实际上属于她的父母,而不属于她自己。通过那天晚上的课程,她能够非常清楚地知道自己在想什么、想法的根基是什么,并且决定自己是否能成为自己想要成为的人。

当我让她再看看那张照片时,她笑了。她仍然觉得那不是一张好看的照片,也不符合她的价值观。她的思维确实得到拓展,这让她能够以一种更适合她的方式对它做出不同的、更明智的判断。

当允许自己的判断受到质疑,你就有可能收获全新的观点、判断、假设,这个过程有时会经历令人痛苦的对抗。苏格拉底把这个历程称为"精神助产术"——把掏出思想的过程比作分娩。当你将全部的思想都摆在桌面上,在拓展思维后再次审视它,你就可以重新决定它是否符合你的价值观。"精神助产术"让你有机会重新做出决定、塑造自己,并做出清晰、周到的选择,这样你才能真正放下或重塑旧的思维模式、规范。而在重塑思维的过程中,你需要好的、探究性的问题。

练习：提出假设问题

当你与他人进行交谈并怀疑对方的思路有点跑题或者不流畅时，你可以试着提出一个假设问题。这时你需要尽量使用对方的原话，例如：

"假设皮特说了……你会怎么做？"

"假设雷蒙娜没来参加派对，你会觉得紧张吗？"

允许他人质疑自己

没有人可以在一夜之间掌握提问的艺术，我们都需要时间、实践和训练。你不仅要学会培养对他人的质疑态度，对待自己也是如此。你自己是否也会胡言乱语，说出毫无逻辑的话？你是否也会用夸夸其谈来掩盖自己不愿面对的问题？你的观点是否会自相矛盾？你能剖析、分析和批判性地质疑自己的思维吗？你是否允许自己被别人批判性地质疑？你是否敢于反思自己固有的立场、探索新观点，甚至颠覆自己的想法？

你可以通过对自己的问题保持开放的态度来培养一种真诚、包容和好奇的心态，通过敢于质疑自己的观点、信仰和假设来获得更广阔的思维空间。当你敢于对自己进行质疑时，你对他人就会变得更加宽容与温和。

允许自己被质疑也许是发展质疑艺术最重要的条件。如果你自己不是一个心态开放、充满好奇的思考者，你又怎么有资格质疑别人？

当你自己经历了无数次的质疑，就能够推己及人地理解对方的心理。因此，苏格拉底式态度的先决条件是正人先正己。只有你自己能够能适应沟通之道，你才能够在其他人身上实践这些方法。这意味着你要一遍又一遍地质疑自己的言论，并允许别人也质疑你。在面对他人毫不留情的批判性问题时，不要让自己有任何侥幸心理。不要回避，不要胡言乱语，不要用夸夸其谈来掩饰自己的不安与混乱的逻辑，你还需要敢于承认自己的无知并拥抱未知的世界。你需要敢于表明自己的立场，努力寻找可以支撑它的论据，并在发现谬误的时候及时更正自己的想法。同时，你还应当用自己掌握的谈话技能照亮他人混沌的思维世界。

我们如何把自己的观点表达出来

在阅读本书的过程中，你一直在学习如何促进与他人的交流。现在你已经学会专注地倾听、养成苏格拉底式态度、摒弃自己的主观想法，全身心投入对方的思考中。你已经学会如何提问、如何跟进对话，你掌握了怎样寻找重要的时刻、向上与向下提问并深挖中心概念。或许这样看起来，你根本没有在谈话中表达自己的见解的机会，仿佛对话是一条单行道，你只能倾听对方说话，并接二连三地提出问题，仅此而已。

那么我们该怎样在对话中为自己的观点留出空间呢？我们如何才能从探索对方的观点过渡到分享自己的想法呢？

从理解他人到被理解

每个人都希望自己被理解。如果我们想同时实现理解别人并让别人理解自己，那么最后的结果就是没有人会被真正理解。因为一般情况下，我们都很清楚怎样抒发情感、将满腹思绪一股脑儿倾吐而出，而不明白应当如何接受对方的观点、放慢表达速度与进行深入的研究、调查。因此，本书把重心放在了后者。我相信，如果能更好地掌握这些技能，我们的对话将会得到极大的改善。

实际上，在真正了解对话者、深入对方的思维后，你就可以为自己的故事和观点留出空间。毕竟你不只是简单地想要把观点说出来，而是希望对方能够真正听到并吸收你的观点，对吗？这个过程就像在两个人的思维世界之间架起一座桥。

要想架起一座稳固的桥，就需要让两边的桥墩同样坚固。这就是为什么你首先要投入相当多的时间、注意力和精力去倾听和引出对方的想法。只有桥墩稳固后，你才可以架起一座桥，邀请对方倾听和探索你的故事。

你可以通过提问来构建这座"桥梁"。想象你和朋友或同事坐在一张桌子前，并且你已经广泛地询问和探讨了对方的意见。这时，对方很可能会问："你对这个问题有什么想法？"或者"你怎么看？"又或者"你觉得呢？"即使对方没有问，你也可以主动提出，以此为自己的发言创造空间："我对这个问题也有一些看法，你愿意听听看吗？"或者："你的观点很有趣，但我并不完全同意，你想听一听我的想法吗？"这样做不仅是为自己争取发言的机会，还让对方为倾听你的观点做好准备。毕竟此前对方一直在表达自己的想法。当他们准备接收一些不同观点的时候，就需要对之前的思维模式做出一些改变。如果事先知道对话中会出现迥然不同的观点，他们就会更快地实现思维模式的转变。

然而事实上我们经常会跳过这一步，大多时候，我们在听完对方的发言并问完几个问题之后，就开始坦然地将自己的意见倾吐出来，没有做出任何预告，也没有给其他人转换思维模式留出任何空间，以实现不同观点间的过渡。当你试着通过事先预告自己将要发表观点的方式进行一次对话，你就会发现对话变得更加清晰、流畅，这种方式不仅让目前是哪一方的观点正在主导对话变得显而易见，也会让双方在不同问题上持有的赞同或反对意见变得直观、明了。

练习："建造桥梁"

通过之前的学习，你应当已经了解在进行对话时需要首先探讨对方的观点，并进行仔细地询问，认真地倾听。也许对话达到一定深度的时候，对方会主动询问你的意见，你可以看看在下一次谈话中是否能与你的伙伴走到那一步。如果他们始终没有主动询问你的意见，那么就请你用上述提到的方法向对方发出一个请求：

· 我对这个问题也有一些想法。我可以把它们讲给你听吗？

· 我可以分享一下我的想法吗？

· 听了你的故事，我刚刚产生了一些感悟。我可以和你分享吗？

在你架起这座"桥梁"之后，请仔细地观察对方在听完你的建议后会做出怎样的反应。

"我们没必要总是这样做，不是吗？"

在一次聚会上，我向大家提到我正在写的书。我介绍说，这本书的主题是关于提出问题、深化对话、探索自己与对方想法的。

"但是，"有人说，"我们没必要总是这样做，不是吗？我有一个朋友，当我和他说话时，我几乎得不到任何反馈。我向他提出问题，但他就是不感兴趣，随后我就会觉得没有必要再问一些真正深入的问题。我应该怎么做呢？"

这种情况确实存在。如果对方看起来对你的想法和观点不感兴趣，你们不在平等的处境中，彼此不在一条能双向行驶的"车道"上，那么把精力放在对话上还有什么必要呢？

老实说，我很难回答这个问题。我觉得探索其他人的思维是一件有趣的事情，锻炼自己的质疑能力也能让我获得更广阔的思维空间。即使是那些胡说八道的人，我也觉得质疑和探索他们的逻辑（虽然这往往完全不是我的逻辑）很有趣，对这些人的质疑让我对世界的其他方面有了更广阔的视野。通过了解一个人，你可以更好地了解与他们相似的其他人。有时，我未必会把和我对话的人看成一个简单的个体，而是看成一个更大群体的代表。因此，我才能更好地理解从前对我来说是陌生人的人们的思维。

所以，我并不总是介意因兴趣而付出的精力没有得到回报，我可以通过沉浸在对方的想法中获得自己的乐趣。我还发现，明确表达自己的想法并非总是那么重要。同时，我也没有很强烈的欲望说服别人相信我的观点或意见。我曾与那些与我想法完全不同的人进行过非常愉快的交谈，其间甚至没有分享过一次我自己的观点，而是主要通过保持对对方思维的好奇来推进谈话的进程。我可以暂时将自己的想法搁置一旁，只有在回到车上或家里才会开始思考自己对这件事的看法。通过沉浸在他人的思考中，我可以更好地了解整个人类群体。因此，对我来说，倾吐自己的意见就显得不那么重要了。

当然，与此同时，我也充分理解这种情况——你本想营造一个好的对话氛围,但一直都是你在拖着对方往前走。这时问题来了:你在多大程度上愿意这样做?你又愿意为此投入多少精力?对话中的共同兴趣对你来说有多重要?你能享受单纯提问的乐趣,还是必须得到一些回应?

在这种时候,我母亲通常总是说:"为自己而战。"你不必和每个人说话。或许在每一次家庭聚会上,你那个糊涂的表哥也会讲同样的故事。如果你不喜欢听,那就不必费心思去聆听。你是否有一个在工作与生活上没有任何交集的同事,你也认为和他说话会消耗你对生活的热情?这时就不必与之进行苏格拉底式对话。

但如果你能暂时放下以前对谈话对象的所有判断和假设,请无论如何都要尝试一下,哪怕只有五分钟。对那个对你不感兴趣、想法与你完全不同、可能根本不喜欢你的人进行苏格拉底式对话——如果你对自己的谈话没有太高的期望,也可以试一试。毕竟这至少能让你获得新的见解或证实你已经想到的东西。

我相信,对他人的思想感兴趣,无论对对方还是你自己来说都是一种礼物。我还相信,今天的世界需要良好的对话。我希望人们能在对话中一起变得充满智慧,而不是试图说服对方自己是正确的。在对话中,我们可以花时间探索新的视角和见解;在对话中,我们首先需要做到理解他人,其次才是被他人理解。另外,我坚信,一场好的对话是从一个好问题开始的，而一个好问题始于好奇心、求知欲，也就是苏格拉底式态度。

苏格拉底坐在我旁边的沙发上。我看着他问："苏格拉底，你真的认为这本书会给人们带来改变吗？它是否能激励很多人，帮助他们进行更好的对话？你认为它能使世界变得更好吗？"

苏格拉底看着我，说："我不知道，但时间会证明一切。世上每天都有很多事发生，但这是一个好的开始。"

致谢

正如一个想法在被反复质疑和推敲后会变得更好，一本书也是如此。我想为这本书中所有深思熟虑的观点、关键问题、想法向一些人致谢。首先，我想感谢每一个愿意分享他们的故事、回答我的问题和加入我的研究的人。你们向我讲述的许多故事都可以在这本书中找到，谢谢你们愿意慷慨地分享。

感谢我亲爱的马泰斯，感谢你和我一起进行的所有拼搏、思考和阅读。谢谢你愿意做我的观点以及这本书的"磨刀石"。

感谢我的母亲，她是我连接、质疑和接触世界的"学校"。

感谢我的妹妹安妮，她是一个对我了如指掌的人，拥有这样的妹妹是我的巨大财富。

感谢我的父亲威姆·威斯，他总是耐心地阅读我的每一篇稿件、文章、博客，甚至会听我录制的每一个播客，并在他的脸书主页上分享他的感想，有时还包含批评或纠正。

感谢我的老师汉斯·波顿、克里斯托夫·范·罗森、奥斯卡·布雷尼埃，你们的想法、教导和理论都被纳入本书。我对从你们身上所学到的一切表示感激。

感谢文学机构 Sebes & Bisseling 的弗洛尔·欧文马斯，

感谢您率先发来电子邮件，展现您的热情以及对本书价值的极大信心。

感谢本书的首批读者：依瑞斯·波斯达沃、卡琳·德·加兰、安妮米克·拉沃凡、阿丽亚娜·范、海宁恩、西瑞德·凡·伊瑟、拉斯·凡、凯瑟尔、斯黛拉、阿梅茨、罗斯、斯皮尔曼、耐克·布鲁曼、鲁本·克拉克斯。感谢你们的提示、建议、批评、赞美和鼓励，没有你们的反馈，本书将无法顺利出版。

感谢所有通过电子邮件、领英、脸书和照片墙联系我的支持者，在我陷入自我怀疑的时候，是你们的支持让我心潮澎湃，你们宛如时刻为我加油、鼓劲的啦啦队。

最后，感谢你，亲爱的读者。感谢你愿意花时间阅读本书，并在这个过程中潜心练习提出好问题。你们主动而勇敢地培养清晰的思维，阐明自己的想法，进行更好的对话，寻求更深入的对话和对话者之间更多的联系。人们无法简单地通过一本书就改变自己的对话方式，更不可能在一夜之间就有所改变。但是，随着时间的推移，很多东西会毫无疑问地发生改变，而读者朋友们，你们正是其中的一个重要组成部分。我对你们的谢意无以言表。